现代园林设计与艺术译丛

玛莎·施瓦兹

超越平凡

伊丽莎白·K·梅尔　撰文

访谈　玛莎·施瓦兹

王晓俊
钱　筠　*译*

图书在版编目（CIP）数据

玛莎·施瓦兹　超越平凡/（美）梅尔等著；王晓俊，钱筠译.—南京：东南大学出版社，2003.1

(现代园林设计与艺术译丛)

ISBN 7-81089-160-X

Ⅰ.玛…　Ⅱ.①梅…②王…③钱…　Ⅲ.园林设计-美国-图集　Ⅳ.TU986.2-64

中国版本图书馆 CIP 数据核字(2002)第 094161 号

图字:10-2002-015

Martha Schwartz: Transfiguration of the Commonplace
By Elizabeth K. Meyer
ISBN 1-888931-01-9
First Published in 1997 by Spacemaker Press, Inc.

Spacemaker Press, Inc.
739 Allston Way
Berkeley, CA 94710
USA

出版发行　东南大学出版社
地址　南京四牌楼 2 号
邮编　210096
Tel　86-25-3793330
Fax　86-25-3362442
E-mail　yibian@seu.edu.cn
出版人　宋增民
经销　江苏省新华书店
印刷　中华商务联合印刷有限公司
开本　889mm×1194mm　1/12
印张　13.5　**字数**　340 千
版次　2003 年 7 月
第 1 版第 1 次印刷
印数　1-3000 册
定价　135.00 元
如有印装质量问题，可向发行科调换
Tel 86-25-3795801

致 谢

本书中几乎所有的项目都是团体努力的结晶。在以下人员的努力下，这些作品才得以完成。

玛莎·施瓦兹公司(Ⅰ)1982—1986，纽约，纽约州

1982 年，我在波士顿建立了自己的事务所，第二年又搬到了纽约。那时，我几乎没有客户，职员也很少。我雇佣了刚从设计研究生院毕业的 Ken Smith。我们一起亲密工作了六年。那段时间，他尽心尽职，在图形输入、评估方面他的功劳最大。其间，其他人员也做出了贡献，他们是 Marty Poirier、Bradley Burke 和 Terry Bahr。

彼得·沃克/玛莎·施瓦兹事务所，1986—1990，旧金山，加利福尼亚州

1987 年，我们一起从纽约搬到了旧金山。彼得和我都有各自的客户，这使我们各自的项目在设计中能保持独立。这期间，参与其中的人员有：Ken Smith、David Meyer、Sara Fairchild、Doug Findlay、David Walker、Terry Bahr 和 Kathryn Drinkhouse。

玛莎·施瓦兹/肯·史密斯/戴维·梅尔园林师事务所，1990—1992，旧金山，加利福尼亚州

这段时期短暂却辉煌。我们保持着亲密的团队合作精神，直到 1992 年我搬到剑桥，成为哈佛大学设计研究生院园林学副教授。事务所成员有：Ken Smith, David Meyer, Sara Fairchild, Kathryn Drinkhouse, Susan Nettlebeck, Jeffrey Smith, Gabe Ruspini 和 Scott Summers。

玛莎·施瓦兹公司(Ⅱ)成立于 1992 年，剑桥，马萨诸塞州

公司成员之一是我的合伙人 Evelyn Bergaila，在各种活动中她优雅而沉稳的品质为公司赢得了众多的项目。我的职员、儿女和丈夫深深地感谢她在公司台前台后所承担的艰难而重要的责任。

我要感谢我那些才华横溢又一心一意工作的员工，他们是：Michael Blier, Paula Meijerink, Chris Macfarlane, Kevin Conger 和 Kaki Martin。曾经还有：Laura Rutledge, Maria Bellalta, Leo Jew, Rick Casteel, Nancy Morgan 和 Sara Fairchild。我感激他们在那段时间为设计所作出的重大贡献。

我还要感谢我们的会计师 Ann Dorman，我能成为商人离不开她的智慧、建议与指导。

两位律师 Ken Natkin 与 Joseph Radovsky 在合同、改组及其他各方面给予了我们法律和资金上的援助。

公司之外的其他人员也为我们提供了宝贵的支持、指导和机会。我特别感激他们能冒着风险帮我组建了这样一个工作团体。

首先是 Grady Clay，1980 年，他时任《园林》杂志的编辑。我事业的起步全靠他鼎立支持。Grady 把面包圈园的图片搬上了杂志封面，那时他的这种冒险行为连我都无法预料其后果。但他的编辑直觉是敏锐准确的。可以说是 Grady 而不是面包圈园画出了行业的一个重要转折点。

我的第一个委托人是 Kathy Halbreich，他现任沃克艺术中心主任。1980 年，他任麻省理工学院海顿画廊主任，在马尔伯勒大街散步时他偶然发现了面包圈园，于是才有了委托设计的轮胎糖果园。

国际建筑事务所的 Bernardo Fort-Brescia 是第一个真正委托我设计的建筑师。我将永远感激他给了我，一个不知名的人以机会。自 1986 年起，我们一直在项目中合作。

Nancy Dickinson 和 Ann Davis 允许我们在他们的花园内尽情发挥。日本福冈市的 Fukuoka Jisho 对我们公司给予了大力的支持和无比的信任。

还有一个不得不提的人，那就是我的丈夫彼得·沃克(Peter Walker)。当我问自己他在我的职业中起到什么作用时，我很难确定是用“因为他”还是“虽然他”来描述。实际上这两者都有。自 1975 年我首次遇到彼得以来，他就是我职业生涯中对我影响最深之人。不管是模仿他的作品也好或是与他的相区别也好，我们从雇主/雇员到搭档到竞争者。我非常崇敬与钦佩他的作品以及他对事业的热情。没有他的鼓励，我也许就不会从事风景园林业。至今，我仍非常看重他的意见。

我要感谢我慈爱的母亲斯特拉·施瓦兹(Stella Schwartz)。她鼓励我去冒险，去寻找我自己的声音和表达方式。她的幽默是我作品中的幽默之源。不管她对我有何意见，她仍是我最热心的追随者。

我的父亲弥尔顿·施瓦兹(Milton Schwartz)在费城拥有一家大型建筑事务所。作为一名建筑师，我从小就听他说过激情意味着什么，拥有激情是一种天赋。他教导我要坚信自己的想法是对的，不要担心别人的看法。

最后，我还要感谢我的儿子杰克(Jake)和乔斯(Josie)。当我离开他们外出旅行时他们的进步是如此之大。我理应腾出时间和精力照顾他们，但他们总是很宽宏的放弃占用我的时间，在我劳累和发脾气时也能原谅我。我还想感谢他们能以我为中心。当工作不顺或失利时，我从没放弃过孩子们。我对孩子们的爱是深厚而丰富的。

目 录

献给我的母亲，斯特拉·施瓦兹
和我的父亲，弥尔顿·施瓦兹。

5 **超越平凡**
伊丽莎白·K·梅尔

庭园

11 斯特拉花园
轮胎糖果园
怀特海德学院拼合园

21 金县监狱庭园
技术革新中心
瑞欧购物中心

35 费姆国际游泳馆
石灰图案与空中图案
草坪花园
悬挂德克萨斯矢车菊的机场
贝克顿·迪克森免疫部

49 新英格兰大屠杀纪念碑设计竞赛
昆沙尔博物公园设计竞赛
生物圈设计竞赛
洛杉矶中心
哥伦比亚中心
莫斯考恩中心设计竞赛

59 福冈国际公寓
迪肯森住宅
城堡

73 史努比花园
住房及城市发展部广场改造
戴维斯住宅
雅各布·贾维茨广场

87 1994 年世界杯环境设计
里特曼家的婚礼
联邦法院广场

95 巴尔的摩内港设计竞赛
慕尼黑风景公园
迈阿密国际机场声墙

105 **玛莎·施瓦兹访谈录**

111 **庭园介绍**

160 **注释**
参考文献
图片来源

161 **后记**

超越平凡
Transfiguration of the Commonplace

伊丽莎白·K·梅尔
Elizabeth K. Meyer

园林设计师伊丽莎白·K·梅尔现任弗吉尼亚大学风景园林系副教授、研究生部主任。她主要教授园林设计以及现代园林实践和理论等课程。在弗吉尼亚大学教学之前,梅尔曾是哈佛大学设计研究生院教师,并且曾在 Michael Vergason and Associates、Hanna/Olin 以及 EDAW Alexandria 工作。

面包圈园　马萨诸塞州波士顿后湾

“在现有的绿篱中置放了一个小花坛。有两个 16 英寸(1 英寸=2.54 厘米)高的同心黄杨篱。在这之间铺设了 30 英寸宽的紫色沙砾带,其上的网格交点处摆上了经过防腐处理的硬面包圈。内圈黄杨篱中,分 6 行栽植了 30 株霍香,与紫色铺地形成对比。”

——玛莎·施瓦兹的项目描述

纽约市球根花卉园

“这个种植床首先铺上 2 英寸的砂砾以利排水,然后覆上 12 英寸的轻质混凝土,顶上为 4 英寸厚的沙。另外还放置了 4 712 个 6 英寸大的陶壶,每个陶壶里有 4 个不同品种的球茎。这些陶壶依据每一品种的种植设计放置于种植床内。球茎一旦开花会形成“贪婪”、“罪恶”、“无知”及“福佑”的字样。这些都是对当代城市生活的评论。为了正确放置这些球茎,每个陶壶与球茎都有特殊的编号,并置于同样编过号的网格内……方案所选用的球茎花卉是:水仙、希腊银莲花、秘鲁百合及石蒜。它们依次在春、夏、初秋及深秋开花,并具有低维护、抗雾、耐低温的特性……庭园可采用水管进行灌溉。”

——玛莎·施瓦兹,《改变美国庭园》(Transforming the American Garden)(1986 年)

出自玛莎·施瓦兹之手的园林作品可谓是日用品与普通材料的集合,诸如可以从五金店及庭园供货清单上见到的陶罐、彩色砂砾、塑料植物、人造草皮、庭园装饰物(反光球及镀金青蛙)、亮黄色的“禁停”牌、石灰土、细绳及带子等。尽管某些这样的普通材料或部件并不为体现永恒及严肃的当代园林所接受,施瓦兹恰是通过这些来描绘她的作品。人们可以在她的作品中找到任何一个庭园设计者所使用的空间与造型手段——小型装饰花坛、林阴小道、绿篱、小树林、土堆及台地。但正是引入了这些普通、世俗、唾手可得而又转瞬即逝的材料,才使她的每一件作品一出现就让同行们激愤不已。施瓦兹的作品,尤其是 20 世纪 80 年代的设计,不仅被看做是正统园林的叛逆之作,甚至被认为是当今园林行业内的一种反面典型。批评家们对她的褒贬似乎都很在理,她以建成的作品来批判与解释,同时又是对现有模式的挑战,它们取代了旧有形式,展望了一种新的园林景象。

尽管饱受围绕她作品的喧闹声的困扰，施瓦兹仍一如既往坚持不懈。毕竟,20 世纪 70 年代末到 80 年代初,与在自家前院的砂砾地摆上 8 打面包圈相比,艺术家们的其他艺术活动更易受到公然反对。在 1995 年的一次演讲中,[1] 施瓦兹说道,“那时，艺术家伯顿(Chris Burden)正把他自己钉在大众汽车(VWs)车顶上,阿康西(Vito Acconci)则在楼梯背后自慰。所以,摆面包圈对我来说似乎算不得惊人之举。”她把人们对她早期作品的强烈反应解释为处于“梦游”状态的园林行业的一种病症,即:一小撮开业者不愿对自己及自己的设计引起重视。他们从事的这种设计实践总是把生态或文脉置于最突出的位置,而设计本身却常常显得平淡无奇。她只能部分地被行业接受也源自于这样的观点。但是,对于创造性的实践来说,跨越一个学科,或更准确地讲，占据于两个学科思想边界之间（这里指当代艺术与园林),这同样也是一种现象。施瓦兹的这种跨越行为,威胁到了一个学科的独立性与自主性,激怒了那些需要有明确界线的人,也打破了这一领域的内部逻辑。

那么,为什么作为一个艺术家或设计师的她竟要如此做呢?在施瓦兹已建成的作品中答案就非常明显。这种离经叛道的策略变熟悉为陌生,用哲学家及艺术批评家阿瑟·丹托(Arthur Danto)的话说就是它们“超越了平凡”(transfigure the commonplace)。它们让我们从困惑中清醒,使我们有所察觉,并充满活力,引起我们对周围世界的关注。学科的界定正经历着这种超越的冲击,作为其中的一分子,我们在受到这种感性震撼的同时也在思想上得到启示:曾经被“施与”的学科传统已经不仅仅引起了问题，而且事实上似乎是第一次受到了启迪。在对安迪·沃霍尔(Andy Warhol)使用普通物品的讨论中,丹托解释了这一现象:

……这种对普通物品的超越并未改变艺术世界。它仅仅带来了对艺术构成的觉悟;并且可以肯定,这种觉悟只有得到某种历史性的发展才能使艺术的隐喻含义显得合情合理。而这种发展也是完全有可能的,就像布里罗纸板箱(Brillo Box)的出现既是必然的却又毫无意义。之所以是不可避免的,是因为艺术家不得不塑造形体,不管是用这种物品还是那种物品。[2]

从这种角度讲,玛莎·施瓦兹的作品充当了行业内的“聚光镜”和“反光镜”。它们标志了一块特殊的领域,蕴藏着更大的空间,包含着更多的设计师。每一次,当玛莎·施瓦兹用平凡的材料超越了平凡时，我们就不得不重新看待我们的设计、我们的价值以及我们的设想。

对景观范畴的质疑意味着什么?

施瓦兹的设计为什么会引起如此大的争议呢?原因之一就是:它在一定程度上不仅仅对风景园林学科，同时也对景观的定义提出了挑战。现在我们意识到景观是一个富有延展性的词，杰克逊(J.B. Jackson)在他的许多著述中,特别是在《景观一词本身》(“The Word Itself”)[3] 这篇文章中追溯了该词含义的演变。他提出了一个新的定义,依据它来解释施瓦兹的作品却显得有些牵强:

……一种人工的或是人工改造的空间组合,以此作为我们群体生存的基础或环境;一旦这种环境变得不适宜,我们就应该记住这个词在现代意味着我们不仅强调自我与存在,而且也强调我们的历史。[4]

施瓦兹的大部分作品,诸如瑞欧购物中心(Rio Shopping Center)或住房与城市发展部总部广场(HUD headquarters plaza),因其强烈的视觉效果和个性,绝不可能成为背景。它们似乎是为某个情节安排的场景,而不是无声的背景。此外,杰克逊叙述道,美国人倾向于把景观看做是自然风光、田园或优美森林景象的同义词。作为一个社会,我们把景观想象成是天赐的;对大多数人来说,我们欣赏的田园风光并非是可以制作、模仿、管理的人工制品。与英国人不同,我们认为景观是天然的,而非人工的。

施瓦兹的作品以其极普通材料的组合、大胆的造型、重复或连续的几何秩序以及略带诙谐的处理手法被认为是有意识的文化创造。无论是在行业内还是在大众文化中，它们对建立起景观定义的一系列思想提出了挑战:自然相对于文化、永恒相对于短暂、天然相对于合成、严肃相对于讽刺、背景相对于前景。这种对景观定义的挑战加深了园林行业的危机感。它不应只满足于成为生活与艺术的背景,而应致力于表达生活与艺术。施瓦兹的作品恰与两位英国地理学家克斯格罗(Denis Cosgrove)和丹尼尔斯(Stephen Daniels)对景观的看法产生了共鸣。他们写道:

景观是一种文化意象,是用有形的方式对周围环境进行再现、提炼及象征。这并不是说景观是非物质的,它们也可以利用各种材料展现于不同的界面上——可以是画布上的画、纸上的文字,以及大地上的泥土、石块、水体和植物。[5]

施瓦兹的设计呼吁园林的营造并不仅仅为了满足功能的需要;

园林的空间与形式也应能够表达、体现和代表人们看待世界的方式。

向 20 世纪晚期园林实践挑战

丹托指出沃霍尔的一系列布里罗纸板箱在 20 世纪 60 年代启迪了界定与批判艺术的正统思想体系。施瓦兹的通俗园林也产生了相同效果，它们同样也启迪了园林理论与评论，而这两者正是风景园林师们划分他们的设计类型、场地类型以及所运用的设计原则的依据。她的设计对这些思想观念提出了什么样的挑战呢？首先，最基本的是：在风景园林师们的实践活动中文化与自然并存，人工与真实并用。人们生活于文化之中并通过它来观察世界。人们因为景观、自然以及荒野在文化中的作用而珍视它们。换句话说，我们通常并非生活在纯粹的未开化的自然中。第二个挑战强调了许多风景园林师在面对乡土、郊区及工业景观蔓延时的盲目性，他们并不清楚这些业已形成的空间可以为设计师提供源源不断的素材与灵感。与其厌恶这些沥青、投机开发、廉价建设及大众品味所形成的景观，还不如认识一下它们对大众文化的影响。像哥伦布会议中心(Columbus Convention Center)与技术革新中心(Center for Innovative Technology)这样的项目就利用了郊区、分车带、停车场景观中常见的空间类型和实体材料。

对专业的第三个挑战与第二个有关。当今有一种倾向，即将风景园林的范围局限在一些通常认为值得拓展的领域之中，例如城市公园、社团总部及广场、精致的庭园、校园等等。人们似乎不应把精力浪费在不起眼的空间：停车场、中央分车带、高速公路用地、楼间的剩余空间以及建筑内部的边角空间。不管是业主还是某些园林师都会丢弃或忽视它们，因此，它们不是因其他功能而被随意改动就是由工程师代劳。施瓦兹认为这些空间不仅具有意义，而且对整个行业来说也是至关重要的。重大的项目毕竟只占一小部分，剩余的都是这样的空间。“城堡”(The Citadel)、怀特海德学院(Whitehead Institute)以及迈阿密国际机场(Miami International Airport)环境都很好地利用了被认为是不起眼或无关紧要的空间，从而在冷漠的环境中营造了园林空间。

最后，施瓦兹对各种材料的应用既不是营造自然空间也不是要表达高雅的品味。她的作品缺少树木、灌木、多年生植物，也没有花岗岩铺装以及手工制作的栏杆，取而代之的是彩色印花混凝土、沥青、混凝土砖块、玻璃纤维、人造草皮、树脂玻璃、路障、铁轨、轮胎以及其他现成的或十分容易得到的材料。这种不加提炼、利用普通（如易得的或粗糙的）材料的做法冒犯了那些将此同俗气的郊区庭园或工业景观联系在一起的人们。施瓦兹回击道：这些都是建筑工业能得到的廉价材料，为什么不能用它们来创造真实与美？为什么不试着超越它们？如果在这一方面讨论风格与美观的问题，通常只会使它的实用主义与大众主义变得含混不清。丹托说过：美“或许没有叙述的价值”[6]，但可能蕴藏在人与世界的关系之中，是人们“以自己的观点认识某一物体的工具”[7]。如果他的话是正确的，那么我们也就可以知道为什么我们不重视这些材料及产品。这些偏袒与偏见或许限制了我们创造一个新的景观世界或想象美的形式的能力。

除了风景园林学科与行业外，施瓦兹的实践也对建筑行业，尤其是对它无视园林作为主题和空间提出了挑战。这种挑战的成功与否在后来三个广场的重新设计中得到考验。这三个广场分别与明尼阿波利斯联邦政府大楼、马塞尔·布劳耶(Marcel Breuer)设计的华盛顿住房与城市发展部大楼以及纽约雅各布·贾维茨(Jacob Javits)联邦大楼(即理查德·赛拉(Richard Serra)的“倾斜的弧”所在地)相联接，后三者都是晚期现代建筑的经典。这些典型的项目生动地批判了现代建筑对园林的压制以及现代建筑把园林驱赶到空旷的空间、平坦的场地、安放雕塑和主体建筑的高台的做法。施瓦兹向建筑界展现了一套园林新概念，而不仅仅是这些贫乏的功能。这些认识有：我们生活的空间既包括室内又包括室外，由此，设计不应只局限于建筑墙体之内；现实世界中不仅只有建筑一种物体；园林与建筑不仅包含形式还讲求内容；在营造建筑之前，空间就是丰富的而不是空洞的。同前辈建筑师一样，施瓦兹在对这些糟糕的城市空间进行重新设计时是十分大胆的。由布劳耶设计于 20 世纪 60 年代的华盛顿住房与城市发展部大楼浓缩了那个时期的城市感受。这座“X”形的混凝土建筑从一块 6 英亩（1 英亩=4046.86 平方米）的自然地块中央拔地而起，施瓦兹不仅通过在整个广场上布满圆形种植坛和用圆形塑料顶棚遮荫的矮墙来强调公共领域，还建议拆除大楼的部分底层把四块毫无关联的场地联系起来。在纽约，当代城市园林设计已降格为只需从城市公园局提供的诸如世界博览会的长椅、中央公园的照明标准、铸铁圈围栏、花岗岩坐凳以及青石板铺装等传统材料中挑选物品，而施瓦兹采取了另一种策略来体现公共领域。所谓照章办事，施瓦兹的贾维茨广场设计方案用她的话说，利用了“带有幽默变形的纽约公园传统元素”[8]。不仅借助于尺度的变形（照明标准从 12 英尺高削弱到 30 英尺高)，而且通过他们相互间的排列与组合使这些元素得到了超越。例如，标准木质板条椅按照长长的反曲线拼成了类似于法国庭园花坛中的图案。通过公园小品与庭园平面的融合，施瓦兹把克拉克(Gilmore Clarke)"引荐"给了勒·诺特尔。其结果是创造了一种反映这个时代的设计，借鉴过去但又不像纽约其他的一些公共景观那样诉诸常规的文脉联系。最能体现施瓦兹对现存建筑空间大胆开创的例证是她乐于把垂直面当成水平面一样进行设计。巴特利公园城的临时草坪图案园(Turf Parterre garden)以及剑桥怀特海德学院的拼合园(Splice Garden)把图案与造型从地面延伸到了墙面、从水平方向延伸到垂直方向，冲破了设计的局限以及一个普通风景园林师所谓的适当范围。

作为后现代主义实践例证的玛莎·施瓦兹的设计

这种挑战一个学科概念范畴的倾向是 20 世纪后期许多文化实践的特征。从这种角度说,施瓦兹是一个典型的后现代主义者。她适时地在公共艺术与风景园林的交叉处发现了一片边缘或空白地带。而且，通过把大众文化中的意象与材料出人意料地展现于她的设计中,施瓦兹跨越了文化批评家惠森(Andreas Huyssen)所谓的高雅艺术与大众文化间的"鸿沟",以此稳固了她的后现代主义者的地位。[9] 然而施瓦兹却把她和她的设计定位在现代主义的框架内,这一点可以从形式上分析她的设计得到肯定:诸如方形、圆形及椭圆形等的纯几何空间与形体和充满重复韵律的简洁平面。网格以及它的三维拉伸形式——方块同超尺度的物体并置而变得生机勃勃。抽象艺术与极简艺术中的排列手法被移植到了园林领域。正是在新的环境、新的概念范畴之中引入了现代形式手法，才如惠森所指是一种后现代主义的实践，而这样的环境、概念范畴甚至包括了以前未曾涉及的领域。施瓦兹的设计批判地继承了现代主义,既吸收了现代艺术的形式原则,又不拘泥的、甚至还有些嘲讽的把其应用于新的领域。从这种理论角度看,施瓦兹就不仅仅是一名风景园林行业的叛逆者了。她及她的作品是更广阔的创造性、文化性领域内的积极参与者。风景园林作为一个行业的同时也是一种文化实践。

保守的后现代主义实践模式摒弃了现代主义代之以历史主义或文脉主义，而把施瓦兹当作一个用破坏与重建来复兴现代主义的后现代主义文化实践者来解读，这就为这种保守的模式提供了变通的余地。正如沃霍尔与文丘里或库哈斯等艺术与建筑领域的相似人物，施瓦兹已经注意到了商业市场、群众文化、分车带以及提供原料却制造污染的郊区。她已把这些影响深深地融入到了新的领域:庭园及园林的艺术与实践之中。这正是她独特的一面。

游离于园林行业内外的玛莎·施瓦兹

尽管与当代艺术实践、建筑阵营以及更大范围内的后现代主义文化实践有着种种联系,玛莎·施瓦兹在当代园林中却很少有志同道合者。尽管施瓦兹热心于与其他领域的交流,但她的作品与传统风景园林和造园还是有相同之处的。因为她表达思想的工具离不开花坛、修剪的灌木和树丛,冲突出现了。也因为她把她的那种园林形式与乡土的以及高雅的庭园装饰相结合,她的设计又犯了众怒。事实上,正是由于把园林与艺术的历史和传统紧密结合在一起，才使施瓦兹的作品产生了强大的影响力。否则,她充其量只是一个拓展新领域但又遵循老传统的艺术家——即另一个密斯(Mary Miss)或辛莫曼(Elyn Zimmerman)。所不同的是,施瓦兹旗帜鲜明地借鉴造园传统使她在艺术与园林设计领域内,在两个领域之间的交叉处都占有一席之地。

与风景园林传统的联系是什么呢?当然,在诸如面包圈园(Bagel Garden)、轮胎糖果园(Necco Garden)、怀特海德学院拼合园、金县监狱庭园(King Country Jailhouse Garden)等项目中有对 17 世纪法国庭园局部的抽取与变形。这些分隔、装饰及花坛被 20 世纪后期的艺术家像德扎勒(Antoine-Joseph d'Argenville Dezallier)在他的论著《庭园的实践与理论》(*La Théorie et la Practique du Jardinage*)(1709 年)中一样确切的加以描绘。[10] 这篇法国庭园的论著叙述了如何设计花坛,如何将其绘在图纸上,然后如何用木桩、细绳付诸实施,麻省理工学院的轮胎糖果园就按此再现了这样的技艺。这种设计包含了自觉的历史引用,并用特殊的材料——塑料、轮胎、糖果以及碎瓷砖来表现形式。变熟悉为陌生,超越了平凡。

一时间,庭园的形式引起了令业主与批评家困惑的种种联想。我们为什么要在瑞欧购物中心摆上盯着线框球的镀金青蛙？也许它们是亚特兰大郊区所能得到的最廉价的庭园装饰物。但是,它们在水池中的位置以及同主要球体的辐射关系，就使人不自觉地将其与凡尔赛的拉托娜喷泉作比较。在喷泉中,一组张着嘴的青蛙栖息于同心布置的石墙顶上，位于圆形水池与青蛙上方的中心雕塑是拉托那与朱比特的孩子戴安娜与阿波罗，未来的“太阳神”。[11] 在神话中，青蛙实际是农民，由于他们嘲笑拉托那与朱比特的孩子，才被贬成了低俗的两栖动物。那么，是谁曾经嘲笑施瓦兹，以致要毕生受罚朝拜这只葛藤球呢？或者，施瓦兹在此嘲笑谁呢？难道是那些说这个不是园林的批评家或者是那些没有完全了解自身历史以致不能欣赏这个优秀的庭园的人们？

施瓦兹的其他设计，如屋顶花园，把她同20世纪早期的设计师如盖夫雷金(Guévrekian)和柯布西埃联系在了一起。特别是她在拼合园中所表现的超现实主义与对自然的物化，使人想起了20世纪20年代到30年代的庭园设计试验。盖夫雷金在法国诺莱山庄设计的台地园被早期现代的风景园林师们奉为经典。在美国，斯蒂尔(Fletcher Steele)出版的对该园的介绍把整个行业从唯美主义的洋洋自得中震醒。除了同施瓦兹的屋顶花园一样具有震撼价值外，盖夫雷金的花园也在探索地平面的变形中明显的、概念性的秩序同其周围相关的建筑之间的联系，结果是产生了一个水平与垂直界线模糊的界面，使参观者经历了一次视觉与感觉上的体验。拼合园也运用了同一手法：人造草皮与修剪的灌木从地面跳到了墙面甚至是屋架上。拼合园的这种用夸张的尺度与怪异的位置来表达形式的超现实一面，很接近于柯布西埃在巴黎的贝伊斯特贵(Beistegui)屋顶花园。

施瓦兹的设计属于传统造园的第三个依据与她近来借助于雕塑化的大地来塑造地平面的倾向有关。当人们试图把野口勇、史密森和海泽尔奉为先驱者来论及的时候，似乎也不应忽视日本建筑传统或近代的罗斯(James Rose)、埃克博(Garrett Eckbo)以及拜尔(A. E. Bye)的相关探索。施瓦兹充满表现力的雕塑化大地造型位于被当代建筑师们所无视的场所，因此它们注定都更具影响力。明尼阿波利斯联邦政府广场(Minneapolis Federal Courthouse Plaza)通过一群椭圆形的土丘来造型与划分空间，借此不仅产生了动感的图案，而且也创造了局部空间。在库哈斯鹿特丹昆沙尔博物公园 (Kunsthal Museumpark)的平面中，施瓦兹把平面布置成一个好像从大水池中升起的黑亮的椭圆形山体，与库哈斯对尺度的兴趣，以及在当代城市环境中不同尺度的重叠相呼应的是施瓦兹自信的雕塑般的景观。在世贸大厦广场(World Trade Tower Plaza)，圆形的洼地不可能使任何一个或一组景物能与这座大楼相称。因此，设计中巧妙地加入了精致的相互组合的凹陷——一系列嵌入广场表面不易察觉的倒扣的小圆盘。当灌满水时它们汇成一片池塘静静流过广场。

在以下两个项目中，施瓦兹把这种地平面造型的手法扩展应用到空间上来。在最近的巴尔的摩的西岸公园中波状起伏的草地嵌以狭窄的小路；当鸟瞰这片草地时，各个小山坡组成了一只蓝蟹——令巴尔的摩与切萨皮克湾闻名的美味。这只类似于庸俗作品的巨蟹涉及了当地文化——一个与该地区有着普遍联系的形象。这个玩笑在当地众所周知，当飞机飞过内湾上空透过玻璃向下望时，这只巨蟹正试图寻找空间来挽救被人忽视的或置于空旷场地中的景观。而施瓦兹在波士顿大屠杀纪念碑设计竞赛(Holocaust Memorial Competition)中提出的长面包状土坡的方案则少了几分诙谐，但同样具有特别意义。这个350英尺长、12英尺高的混凝土块堆砌的山丘兼具大地及工业特征，隆起的造型既像是抬升的大地，又像是汽车和游客穿过留下的狭窄分隔带。然而，纪念碑的整体性又被成千上万个组成它的小单元体打破了。它既像伊特鲁里亚人的坟包，又像集中营的焚尸炉；是个既安宁又不得安宁的场所，是坟墓又是焚尸炉；是一个整体，又是多种多样的单体；是一个充满恐怖的场所，却有后现代主义式的庄严。作品同其含义产生了共鸣，因为我们在大众文化中熟悉其形象化的比喻，同时我们通过历史也了解其形式与类型。

玛莎·施瓦兹园林作品的影响力在于它们兼收并蓄的特性。她的作品充满了对造园传统与习俗的形式与图形化的参照。然而它们却出自一位艺术家，同时又是一位深谙现成的、大规模生产的、唾手可得的真正含义与价值的大众文化消费者的双眼与双手。

作为符号与象征的园林

玛莎·施瓦兹的设计提出了园林如何表达以及同谁交流的问题。如果说她的设计是艺术与园林并尊，大众与高雅艺术并举，永恒与短暂、诙谐与深邃并现，那么很难解释它们也就不足为奇了。正如这篇文章试图通过很少的实例所想表达的那样，说清她的设计是不容易的。对于风景园林业内的人士来说，这些在专业上正趋于成熟的大部分设计“将自身作为一面镜子”。[12] 从这面镜子中反射出了存在于行业内的众多杂乱与肤浅。施瓦兹的设计使景观有强烈的视觉效果，而且通过赋予意义使其复兴。对于建筑行业的人来说，施瓦兹的园林作品反对把场地假设成空无一物并且在清空的基地上进行设计。她的作品需要建筑师开放他们的建筑，使之与周边环境进行交流，而且最直接的是同地平面，一个承载生命的界面进行交流。对于这两个设计领域之外的人来说，施瓦兹介于艺术与园林之间的模糊处境揭示了许多声称混淆学科界定的设计有多么空洞。相比之下，许多这样的作品是一种学科殖民——进入另一学科领域，却不了解该领域的传统、习俗、语言或习惯。施瓦兹的设计另辟蹊径：一种同时从两个领域的思想与实践中汲取形式与含义的整合活动——既不靠改换一种学科也不完全投奔另一学科。她把这种困难处境当作是在消费文化中重新定义园林的作用与意义的途径。

玛莎·施瓦兹及她的同事们设计的作品不只对我们的眼睛发出了挑战，它同样也向我们的观念发出了挑战。正如丹托对布里罗纸板箱功能的概括，我们可以同样看待那些面包圈、糖果、镀金青蛙、人造草皮花坛、变形了的纽约灯具与坐凳以及大地巨蟹等景观。“它们做了许多艺术作品一直以来在做的——具体化某种看待世界的方式，表达了某一文化阶段的内涵，并为这种文化提供了一面抓住观众意识的镜子。”[13] 对于其他风景园林师来说，施瓦兹的作品突出了我们界定学科的思想观念，解释了我们目前的局限性并且指明了新的方向与可能。

玛莎·施瓦兹曾经说道：并非所有的作品都必须成为杰作——持久、永恒并且受人尊敬。她的话意味着什么呢？也许对于某些作品来说，把景观再现于社团、业主或顾问面前就足够了。这种把设计目的视作再现的思想为欣赏临时性作品、普通事物——被忽视的、微不足道的场地以及普通材料及物品建立了一个框架。它允许其他人用新的眼光——一种对理想自然少一点沉迷、对现实景观多一点接受的眼光来看待园林。但是，随着施瓦兹的委托项目逐步涉及永久性及公共性项目时，人们也许在疑惑是否就不可能把艺术表达、文化批判、设计个性同营造空间与创造杰作整合在一起。杰作已经变得意味着由富有的投资者委托的、用耐久材料建造的优美之作，但不幸的是缺乏内容与意义。有哪一个实践项目能够从公众的眼光出发投身于超越平凡，渴望在被人忽视的场所中创造杰作呢？

在玛莎·施瓦兹长达15年的专业实践中，她不断地进行着设计实验，亲自动手安装临时庭园，做了许多小规模的设计，在她背后还有一些支持她的业主。就文化批判的影响力来说，从总体上评价这些作品比就每一个项目的设计个性而论更具实质性。借助塑料、预应力混凝土以及批量生产的部件进行形体与空间的表现——这种“实践即文化”(practice-as-cultural)的设计批评思想为园林行业在分车带、公路、郊区这种杂乱的、蔓延的商业景观中开辟天地提供了方法。如果20世纪后期还有哪一个地方极其需要创造空间而不是传统的人工的都市生活，那就是城郊结合带、停车场、购物中心、快餐店、大型零售超市带以及我们大部分美国人生活的家园。既然这样的普通场所以及这样的问题已摆在了我们面前，从毫无超越到有所超越，也许会有人追随玛莎·施瓦兹，而不是把她看成一个攻击传统观念的人、一个孤独的另类以及一个行业的破坏者。我们认为承认她对美国景观及园林的实质性批判及建设性贡献的时机到了。(注释见160页)

致谢

在过去的8年里，不管是在哈佛大学还是在弗吉尼亚大学，通过与学生们的交往我对当代风景园林有了自己的理解。我感谢他们长期以来对我的研究的热情和理解。此外，学生们的研究和课程论文使我开始注意到某些特别的设计师，加深了对他们的理解。特别是Sigrid Cook，Kevin Rasmussen，Alison Ingram和Eric Chou几位同学使我更深入地理解了玛莎·施瓦兹的瑞欧购物中心、拼合园与弗吉尼亚技术革新中心。最后，我还要感谢玛莎·施瓦兹事务所的Kaki Martin为我介绍了他们事物所的项目并且提供了图片资料。

庭 园

斯特拉花园
Stella's Garden

轮胎糖果园
Necco Garden

怀特海德学院拼合园
Whitehead Institute Splice Garden

金县监狱庭园
King County Jailhouse Garden

技术革新中心
Center for Innovative Technology

瑞欧购物中心
Rio Shopping Center

REVENGE

费姆国际游泳馆
Internationl Swimming Hall of Fame

石灰图案与空中图案
Limed Parterre with Skywriter

草坪花园
Turf Parterre Garden

悬挂德克萨斯矢车菊的机场
Hanging Texas Bluebonnet Field

贝克顿·迪克森免疫部
Becton Dickinson Immunocytometry Division

BANK

2350

新英格兰大屠杀纪念碑设计竞赛
New England Holocaust Memorial Competition

昆沙尔博物公园设计竞赛
Kunsthal Museumpark Competition

生物圈设计竞赛
Biosphere Competition

洛杉矶中心
Los Angeles Center

哥伦比亚中心
Columbia Center

莫斯考恩中心设计竞赛
Moscone Center Competition

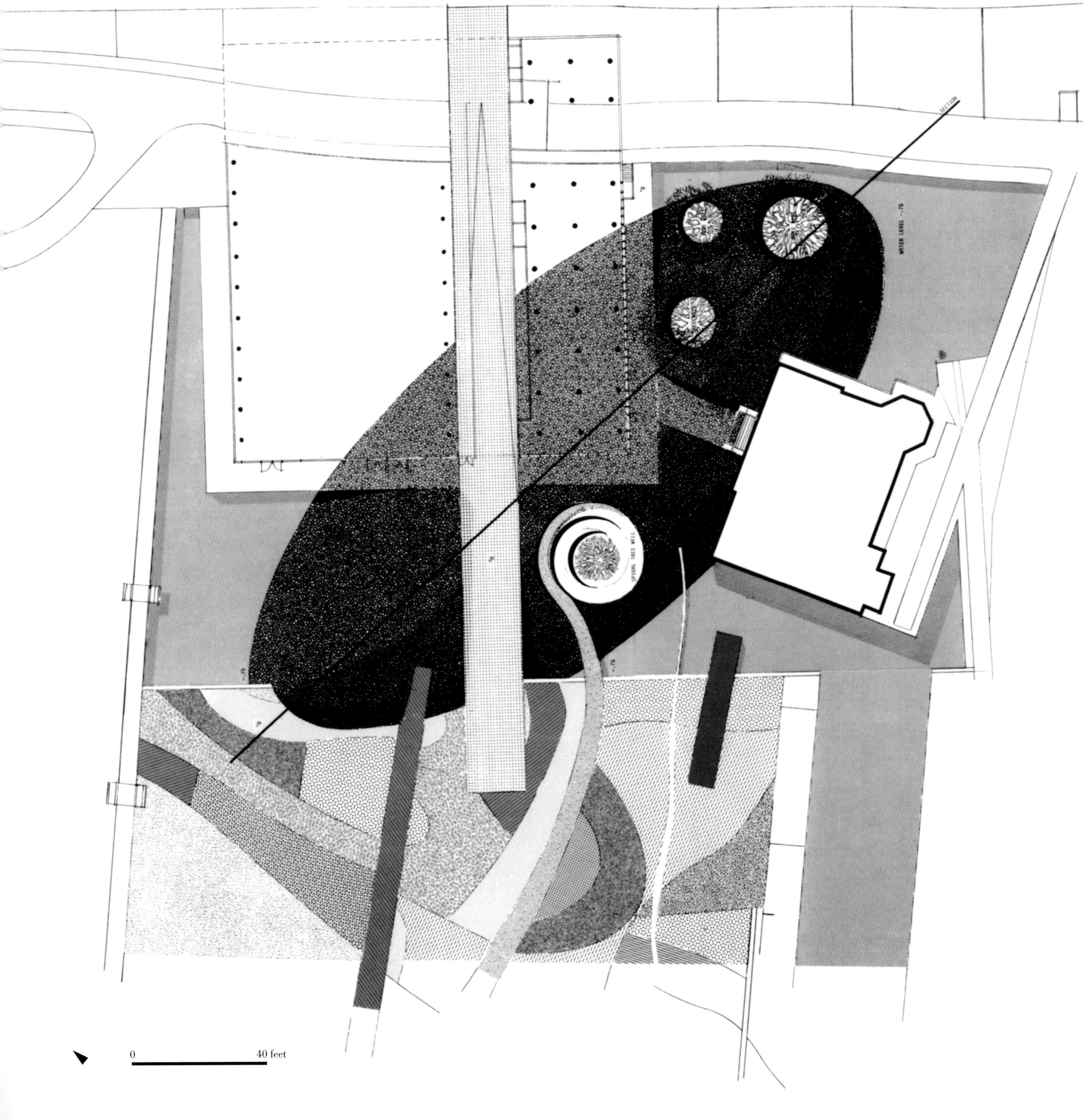
SECTION
WATER LEVEL -.75
SPIRAL TREE WELL
0
40 feet

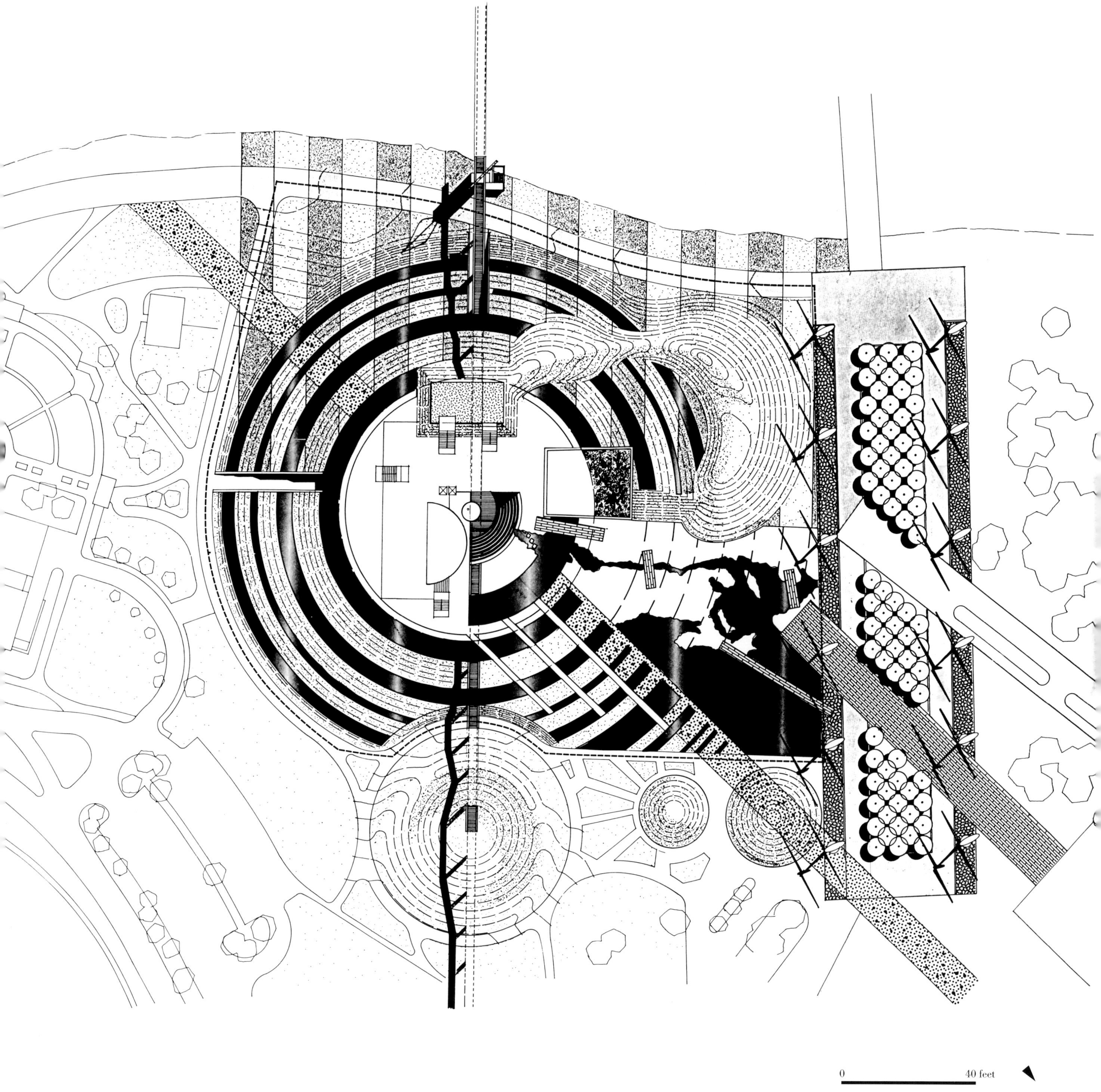
0
40 feet

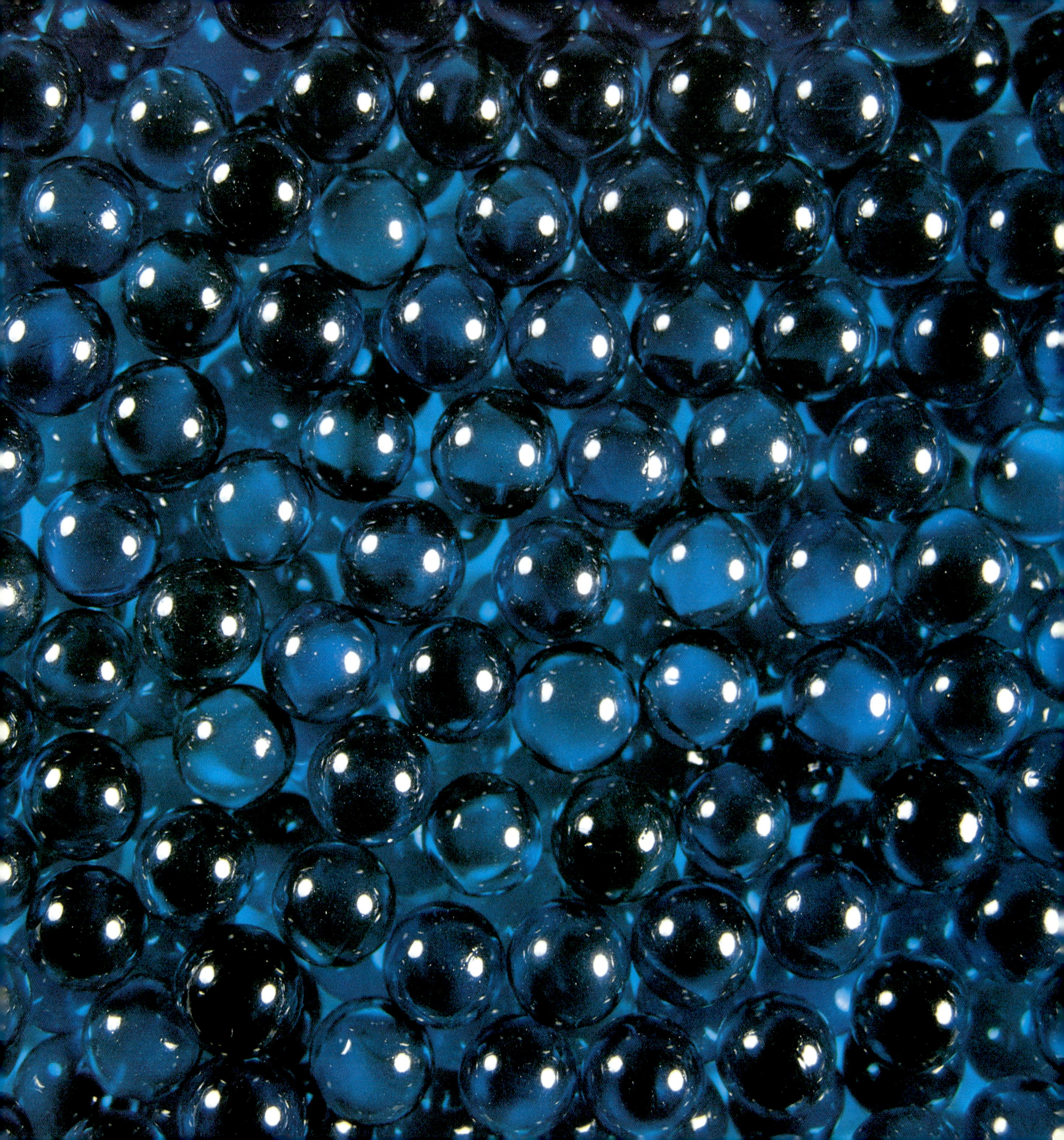

福冈国际公寓
Fukuoka International Housing

迪肯森住宅
Dickenson Residence

城堡
The Citadel

NO

史努比花园
Snoopy's Garden

住房及城市发展部广场改造
HUD Plaza Improvements

戴维斯住宅
Davis Residence

雅各布·贾维茨广场
Jacob Javits Plaza

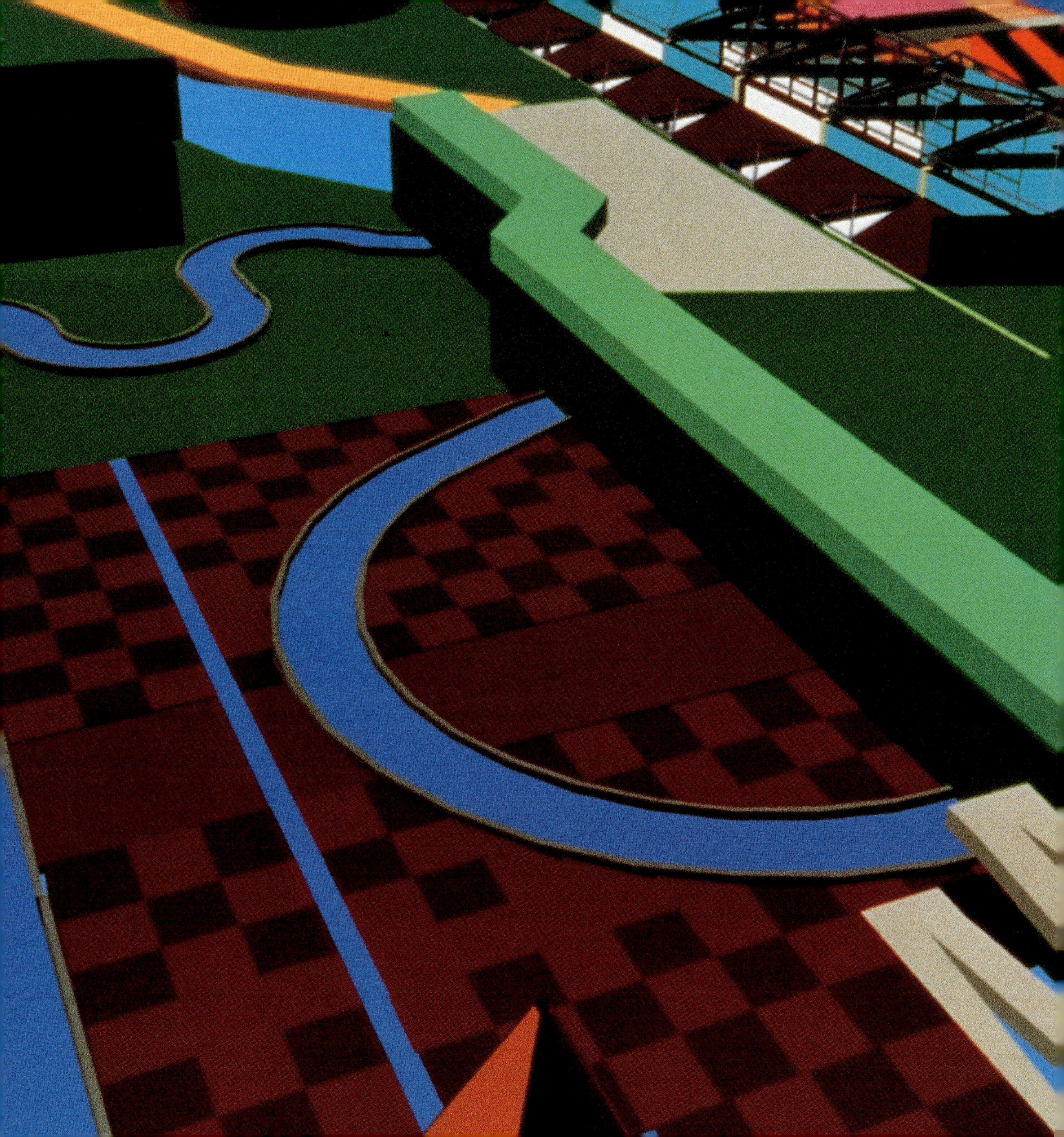

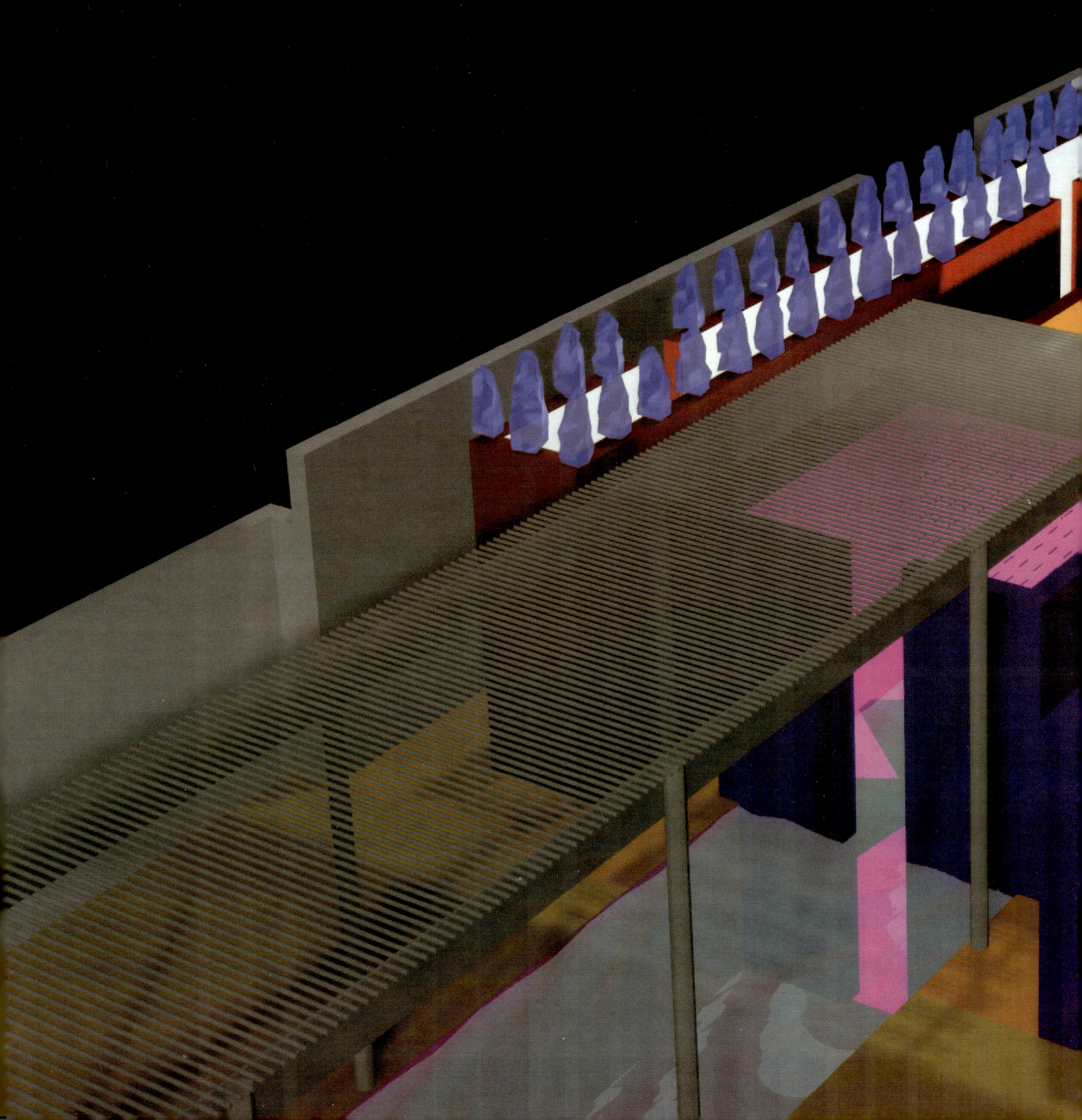

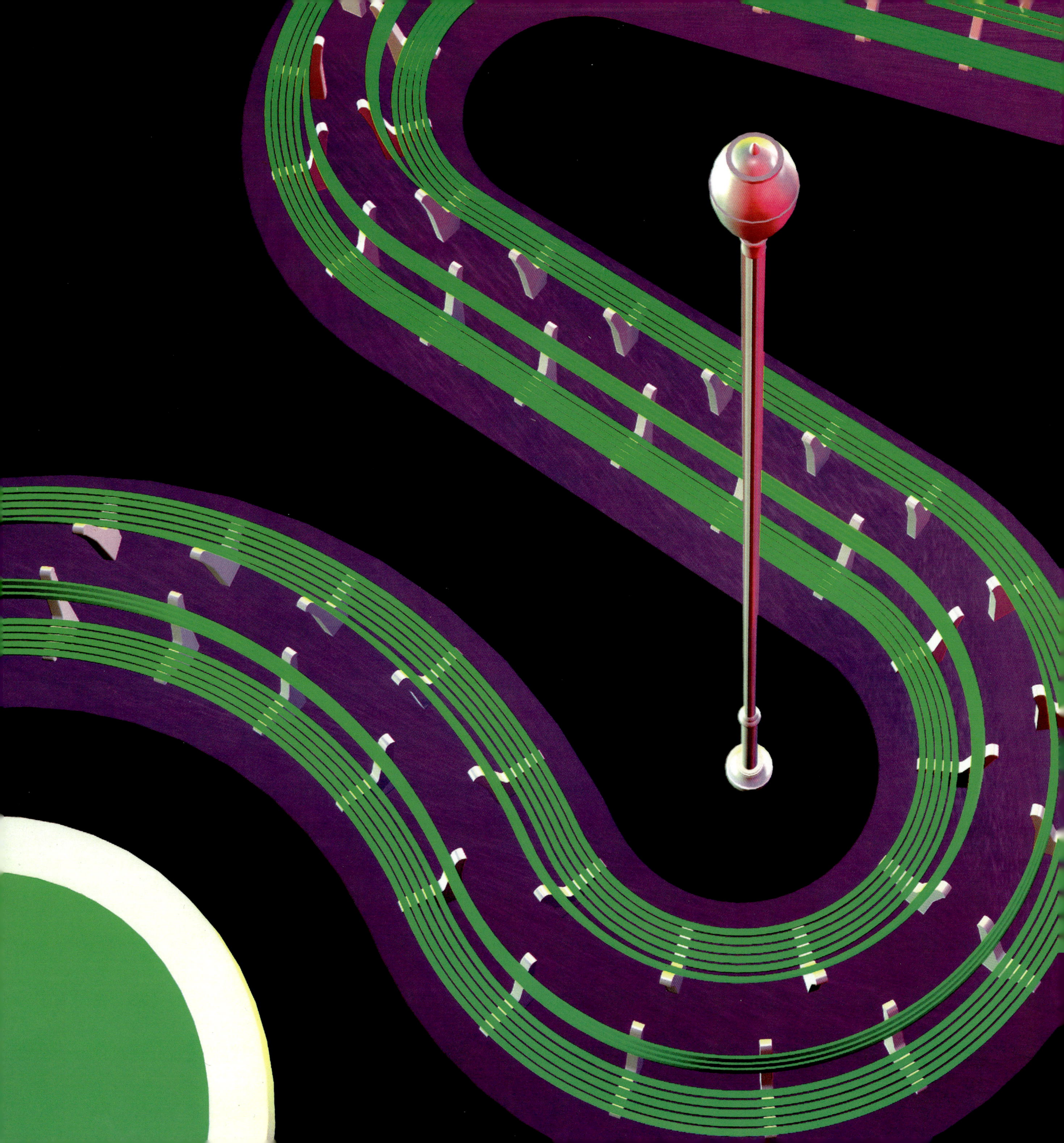

1994 年世界杯环境设计
World Cup 1994

里特曼家的婚礼
The Littman Wedding

联邦法院广场
Federal Courthouse Plaza

XV
MasterCard.
Energizer

巴尔的摩内港设计竞赛
Baltimore Inner Harbor Competition

慕尼黑风景公园
Landschaftspark München – Riem

迈阿密国际机场声墙
Miami International Airport Sound Wall

玛莎·施瓦兹访谈录

玛莎·施瓦兹访谈录

玛莎·施瓦兹以善于利用现成或临时性材料、炫目的色彩与几何图案进行非传统设计而著称。她不时震撼着沉浸于奥姆斯特德式传统的整个行业。尽管如此,她仍在设计着似乎是更富挑战性、更乖张、更有创新意义的园林。在此,她述及了影响她为私人、社团以及公共业主工作的某些因素。

你以在园林中应用非常规材料而著称。能谈谈你怎样选择材料吗?

首先,我对这些材料的应用源自于对波普艺术的兴趣。普通材料与废弃物品所具有的有悖于传统的特质吸引了我。我也对某些艺术品有相当的兴趣,诸如约翰(Jasper John)的铜质灯泡——这是一种不同寻常的表达方式:用昂贵的材料制作普通物品。提升日用品的地位,作为一种反主流艺术观念激起了我的兴趣。我欣赏安迪·沃霍尔的布里罗纸板箱以及他对艺术界有关什么是"艺术"的挑战。在那个年代,绝大多数人认为布里罗纸板箱肯定不应归入博物馆。我相信艺术机构内的规章制度能够也应该被打破。大地艺术家之所以引起我的兴趣也出自同样的理由:他们的作品是概念性的,并且具有特殊的场地性,不可能被拘禁在艺术陈列馆内。在听说风景园林之前我就质疑传统观念与信仰的正确性。

当开始学习风景园林时,我就发现这个行业侧重于传授有关技能、传统以及高品质材料应用方面的知识。我认为其对技术及材料的重视过多,而对设计思想方面的关注或兴趣却太少。在艺术领域,观念是设计的核心,而在风景园林领域则是功能占据核心地位。

我认为缺乏对概念、思想表达的严格训练或许同过分关注材料与技术分不开。如果我们能受到鼓励,以更广阔的方式来应用材料,风景园林或许就可以更向前迈进一步。我们可以从观念上改进设计语言,花岗岩路牙也许可以用塑料、玻璃、大理石或人造草皮材料来代替。在语言中,一个人词汇量的不足就会限制他的思考能力,同样,在园林中,材料应用的局限性也会限制概念思考。

时下,我的立场是提升与通俗文化相联系的材料地位。如今,我称得上是低预算项目之王。我还从没做过可以亲自指定石材的项目。我的设计均用便宜材料建造而成,因为业主不可能负担得起昂贵的工程。我给自己定了个位,说道:"好吧,既然你不能在1平方英尺上花40美元,那就再完善一下以7美元为指标吧。我们就用预制混凝土或沥青,我们会以积极的姿态来完成的。"

当你提出这些廉价材料时,业主作何反应呢?

现实的变化是我们拥有越来越少的资源。用低贱的材料设计出引人注目的东西已不再是一种选择而是必需了。人们认为作为艺术家或设计者的我们可以自由选择材料的档次,而事实上,是业主的预算决定了一切。当一个项目正在施工时,我不会去问"你对这个园林到底有多重视?它会经受住100年吗?或只是为了一个下午?"这些价值都从投入项目的资金中反映了出来——这是一个非常简单的评价尺度。我试图说服人们改变那些价值尺度,但预算并不是我制定的,我只能对其做出相应的回应。

总的来说,在这个国家,我们并不重视园林或公共空间。廉价材料的应用就是一个很好的反映。我试图把精神内容带进被我们忽视或低估的空间,试图使景观充满某种魅力或具有某种意义,以此超越这样的事实——它的业主1平方英尺只想花7美元——不足你在铺地上花的价钱。

如果我们想乐观的迎接未来,试图找出普通廉价材料的优点是势在必行的。世界不会再回到财富集中或手工业传统盛行的年代。我们也不想回头亲自开山采石。手工业向工业的过渡是文明的一部分,也是在传播财富。我们生活在一个需要大家分工合作的年代。

就材料而言,我们做的众多选择反映了一定的文化欺骗。我经常遇到这样的情况:业主通常对低质量的材料不甚满意,但从自身标准出发,他们又不愿或不能再增加预算资金。这就导致了我所说的"虚饰问题"。业主会告诉你他们希望它看起来像,比如说花岗岩,也就是说他们想让人们意识到某些并不存在的东西。作为一个设计者,我同样希望设计出一种环境,它给人们的印象要比实际更有价值。只要混凝土看上去像石头,目的就达到了。

我感到这样做是极不诚实的。我不是在从事骗人的买卖。如果你只能负担得起混凝土的费用,那么所要考虑的是,你怎样用它来表达你的思想。它应成为表达的手段而非骗人的工具或所做的粉饰,以此使人把自己打扮成幻想的样子或别人眼里它希望见到的自己的样子。我深信任何一个有意义的设计或艺术品都具有诚实的本质。

艺术通常是在探索本质、纯粹、基本的东西——如果它试图影响文化，那么情感上、感觉上或思想上的交流是必需的。谁的表达越直接越真实，谁的交流就越直接。我根本不为塑料操心，除非有人想让别人把它看成皮革。思想上的不诚实与自命不凡反映了人们对自身现状的不安。一旦设计师试图通过虚饰来愚弄人，它就背离了我们对自身的认识。

批评家抱怨你不是个风景园林师，因为你不喜欢植物，你有何解释？

条件许可时我才用植物。相反，许多人并不理解某些特别适于在城市环境中造景的项目。为了在车库顶或平台上创造景观，你不得不用更多的钢筋来承重，这是非常昂贵的，并且还得小心维护。造园就好比决心要个孩子或宠物：如果你没有足够的资金来很好地建造或养护，那么你就不要造。如果我们的项目中没有植物，通常就意味着没有预算或能力来养护它们。

你运用各种鲜艳的色彩。能谈一下你在设计中的用色方式吗？

自孩提时代起，我就一直很喜欢鲜艳的色彩，就像喜爱糖果一样。我的祖母对色彩有孩子般的喜好。她从佛罗里达州给我带回漂亮的小饰物。在她的院子里终年放着石膏鸭子和塑料花。当别人的院子大雪覆盖、一派萧条时，她的院子却摆着一片片色彩艳丽的花朵。小的时候，我不曾以批判的眼光认为她的花园是非自然的或缺乏高雅品味——我们只是谈论费城东北部的枯燥单调。我从那些色彩中获得的愉悦一点也不亚于她。

我总爱盯着颜色看。至今这种喜爱仍没有减退。一个人身上保持一点童真很重要。一见到鲜艳的色彩仍旧使我很激动，而且它们的外表似乎更具魅力。

我们渐渐长大，学到了什么叫有品味、什么是他人能接受的。我们学会了不再为花哨的、鲜艳的、炫目的这些我们小时候偏爱的色彩而激动。我很排斥有关格调问题的所有论点。“品味”是一套支配人们观看、行动和感觉方式的法则。同样我们的文化对色彩的看法是病态的。我们的文化中缺乏色彩是北欧人留下的遗毒。当人们见到鲜艳色彩的时候，他们通常会感到愉快并且感觉放松。它向人们发出信号允许人们可以更自由支配自己的行为方式。一种信号色居然有这么大的威力，能这么直接的传递感情，这足以让人惊奇。

你崇敬哪些风景园林师？

也许我的绝大部分灵感来自于野口勇的作品。当我开始学习园林的时候，他那雕塑般的大地造型以及为马萨·葛兰姆(Martha Graham)设计的舞台场景对我的影响很深。野口勇跨越了艺术、设计及园林的界限，他的园林创造了神奇的超现实场所。

你曾经写到园林艺术是要明确自然与文化的关系。你能详细阐述一下吗？

我想用园林来描述人类、交流思想。我认为最奇妙的景观莫过于发掘出我们人类的某些东西并且把它再次展现给我们。欣赏一个伟大的园林作品就像照镜子或看图画。

许多人听过“景观”一词并且认为它意味着“自然”。自然景观在我们的文化中扮演着重要的角色。但对我来说最感兴趣的还是我们创造并生存于其间的景观。我在设计中常问的问题是“景观怎样反映我们是什么以及我们想成为什么？”

我总爱使用生活中的材料来满足我们的需要。我沉迷于把室外空间改造成我们能居住的“房间”。我也对用树木形成走廊，藤蔓创造荫蔽，绿篱分隔空间的园林感兴趣。这些既非自然又非建筑的过渡空间最使我激动。

我在费城长大。我们过去常到长木公园(Longwood Gardens)去参观那些不可思议的温室，在那儿还有草地铺成的规整庭园。我会想象自己生活在一所房子中，清晨起床一脚就可踩在草地铺成的地毯上。我相信，如果你把人类看成是自然的一部分，你就不会认为把自然改造成为我所需是一种破坏活动。我也认为人们能够也应该建立城市、房屋以及空间——我们生活休闲及娱乐的场所——置身于园林中的。

你喜爱自然的前提是她是可控的。那么你怎么认为，比如说，约塞米提(Yosemite)？

对我来说，思想美与自然美具有同样的意义。思想上美好的东西及其影响力激发了我。我喜爱城市，因为它们是文化的宝库。在纽约的所见所闻比在约塞米提的所见所闻更能让我激动。

但我从不认为自然不重要。从理论角度讲它是重要的。我们都需要知道自然是存在的——如果我们不得不同它打交道，我们是能够的。然而，如今很少有人能真正接触到自然——对于大多数美国人来说它是个抽象的概念。要想接触自然，你不得不做出巨大的努力：坐上飞机，然后再钻进汽车。在那儿你待上一小段时间后又得离开。我不能断言在虚幻的自然中我们就找不到乐趣，如在计算机屏幕上或在虚拟的现实状态中。与生活在城市或郊区相比，生活在自然中是一种更抽象的经历。大自然是我们的浪漫幻想而不是现实的一部分。

不幸的是，对园林的抵制与美国人对自然的幻想有关。我们一边想象着生活在美丽的大自然中一边却容忍惊人数量的丑陋之物遍布园林。这种幻想使我们如此的盲目以至于任何一样非自然事物都被忽视或遗忘。既然购物中心并非是造化之物，那么它的景观就不值得特殊处理。在其周围安放没有绿化的停车场似乎也就无所谓了。

美国人还没有发现购物中心、停车场可以成为改造环境的可行而又富有情趣的景观。我们不会投入资金、制定法律或花费时间精力把景观设计带进停车场。

你曾经写道我们对待园林的态度就像维多利亚时代看待妇女的方式——不是处女就是荡妇。

是这样的。人们在心中把园林分门别类。园林主要被看做是残余的自然。“景观”存在于公园和约塞米提中。人们很难想象以停车场、屋顶或中央分隔带的面目出现的景观。“自然”是优美的景象，如果它不美丽或不自然，那么我们就不分青红皂白地贬低它。我们并未真正拿出过一个名称来称呼我们创造的生活景观。

其他文化是否在塑造公共园林方面做得更好？

法国、荷兰、西班牙、日本以及意大利的文化要好得多。我们的失误也许最令人失望，因为我们拥有充足的财力和能力。许多国家首先需要发展，因此他们对园林的漠视虽然可叹但也可以理解。当人们需求发展、工作与商业的时候，很难说服他们要从生态学与美学的角度造园。

相反，对于园林的价值我们应作更高瞻远瞩地思考。我们拥有创造符合生活方式的环境的手段。我指的“环境”包括城市、郊区以及农业景观。对于把园林作为满足人类户外活动空间的思考，法国与荷兰等地比我们超前得多。

那么这些国家的园林艺术家与设计师做得有何不同呢？

在当今世界，荷兰产生了一批最成熟的风景园林师。荷兰之所以具有领先地位是因为一开始他们就在创造景观——它们生存的土地是通过围海造田得来的。他们对触及不到的、未破坏的自然不抱幻想。对于造景，他们的想法更自由，因为从一开始他们就已在不断建设。

在许多欧洲国家，人们生活的环境——高速公路、铁路及城市街道比我们要漂亮得多。这些国家支持他们的艺术家、设计师，这就保证了文化在视觉环境质量方面的重要作用。举个例子，在法国人们认同已建成的园林，并通过这些园林认识自我。然而我们却不，我们把艺术和设计看成是一种附属物——是装点蛋糕的樱桃。美国人不会把我们所有城市中的郊区购物中心带理解为国家身份的象征。我们并不以这样的方式认同景观。我们只相信在广告牌、杂志广告或电视上看到的优美景观，而不是我们生活场所中的景观。

高速公路、桥梁、道路、公园以及基础设施被看做是实用的环境，在那儿没有搞艺术的必要与空间。每一次当我从国外旅行回来下飞机的时候，我认识到我们对生活本质的看法有多狭隘。功能作为一种价值尺度统治着美观。我们作为一个不十分重视理想的民族，事实表明，我们并没有真正重视美观。

你打算如何创造一种氛围使有价值的建成园林能被接受？并且我们怎样才能学会重视停车场、商业街以及中央分隔带？

我不是一个布道者。然而，我希望我所创造的园林能被忽视它的人所重视。也许我能为努力探索园林的设计者或艺术家们开启一扇机遇之门。我以为自己只对市场有反应，但在一个接一个的项目中还是失败了，因为我总是根据景观内在的合理性来教育业主。这是个缓慢的进程。

如果某人以前没有受过艺术与设计的训练或培养，那么要教会他们懂得其中的价值是非常困难的。我的许多客户是非常聪明的，并且在许多方面都受过良好的教育。但在视觉观念方面，他们通常没有理解的基础。不仅是没有艺术方面的信息，在这个国家，学校不再教授艺术与艺术史，如果家庭没有给你审美方面的熏陶，通过文化来自学的机会是渺茫的。而其他国家在艺术审美方面却有一套更完整的体系。在美国，人们不理解也不支持我们工作，这使许多风景园林师、艺术家、建筑师陷入了进退两难的境地。我们是因为日本人重视环境中的美学价值而登上飞机去日本呢，还是应该试图激发人们的兴趣从而支持本国文化?如果我们试图把设计立足于美国,那么在一个资源退化的时代我们将怎样前进?

在一次演讲中你告诉听众你在寻找能支持这种改善建成环境的公司与学院。你找到了吗?

目前，我已为总务管理局作了几个公共项目。但即使是公共项目,仍需要有人愿意冒险支持你。不幸的是,公务员们大多厌恶冒险。人们投票选举他们,他们投票评审方案,却身不由己。因此,在整个过程中要找到一个自始至终都支持你的人是非常困难的。你需要有人相信作为一个艺术家或设计师你对公共领域具有某种重要作用。

我们设计的某些政府工程将要竣工了——如曼哈顿的雅各布·贾维茨广场、华盛顿特区住房与城市发展部广场以及正在施工的明尼阿波利斯新联邦政府大楼广场。每一个工程都是一种巨大的机会。政府工程乏味而又不能争论，它们必须以符合每个使用者的准则为出发点，这就经常导致设计中为了避免政治问题而迁就最低的大众标准。对我来说,这些工程是一次试验,让我在寻找做一些有情趣的并且富有冒险性的公共作品的可能性。它们没有哪一个是造价昂贵的。所有东西都必须通过评审。但总务管理局内有位开明的赞助人保证,他确保了艺术是工程中的重要组成部分。

总务管理局的项目有何共同之处?

这些广场——如贾维茨、住房与城市发展部、明尼阿波利斯——都是典型的围绕于20世纪60年代建筑的广场。当时,根据现代主义者的原则,建筑物就像英雄一样从虚无中拔地而起,这是一种乌托邦式的底平面。建筑师故意去除建筑物周围的一切东西以免同雕塑般的建筑造型展开竞争。空旷的广场置于停车场顶部,在建筑底部形成死寂的空间。年复一年,人们试图适应这样的空间,但并没有取得巨大成功。

多数市区都建立于扩张主义盛行的20世纪60年代，这也正是修建这些空旷广场的时候。后现代主义对这些空间提出了批判。我们认为街墙也许还算不错,大而空旷的广场产生了空虚感,我们应在建筑底部创造更人性化的环境。把建筑当作雕塑的原则受到了质疑。我们需要重新评价、改造这些空间。

这三个总务管理局的项目都制造了幽默轻松的氛围。那么幽默在你的设计中有什么样的作用呢?

我的整个家庭都具有很强的幽默感。这可能源自于犹太传统——幽默是人们在面对难以忍受的痛苦时的有力武器。古老的格言说道:喜剧是件非常严肃的事。这话一点也不假,许多趣事都源自于愤怒。我观察到许多滑稽的人通常都是最易怒的人。同样,我也是个相当易怒的人,我似乎没完没了地在生气。幽默是社会能接受的发泄愤怒与沮丧的方式。幽默使人们敞开心灵——让他们更易被接纳。当人们被某事逗乐的时候他们很快乐——得到了放松。

谈谈你的贾维茨广场设计,这个曾经放置理查德·塞拉的“倾斜的弧”的场所。

我们的贾维茨广场设计是对“倾斜的弧”雕塑的回应。我想让它与“倾斜的弧”形成对比——少一点自我突出与自我参照。它的目的比较简单:只是为坐憩与午餐提供场所。“倾斜的弧”不仅批判了现代主义建筑也表达了对其的异化。这是一种有力的对抗。在我们的贾维茨广场中,你不必卷入对抗,你只需享用午餐。

从“倾斜的弧”的失败中,公共艺术学到了很多东西。如果从艺术家的观点出发,就势必会牺牲广场的实用性。对公共艺术来说这种牺牲是否正确变得很值得讨论。在经历了一连串有关公共艺术应该是什么的事件后,我改变了我的想法。公共艺术必须在不止一个层面上同时发挥作用。不同于画廊,人们没有选择参观权。顶级的公共艺术是一门能在不同层面上都能说话的艺术,如果你选择不参与其中,你完全可以不参与。

你对试图改善城市空间的市政官员有何建议?

我们的大部分公共空间不是被忽视就是被滥用，单调乏味并且设计糟糕。很难看到有意义的空间,这大部分归咎于不想冒险。支持一种观点需要勇气,公共工程大部分都掌握在市政官员手中,他们受到审查,特别易遭攻击。如果我们想让广场、公园、街道、停车场、屋顶为我们自己所有，那么就有必要使市政官员们更多地依赖于这些空间的设计者。我们需要建筑师,但园林却不被当成一种艺术形式来看待。市政官员们有必要设立更高的标准,要求这些空间因个性与思想而变得有特色,这一点很重要。如果要使园林发挥功效,那么它必须为人们所有，无论是在感情上还是精神上。

你能谈一下美国人对退化的环境的心理代价是什么吗？你曾说过医治我们的园林可以帮助治愈我们的社会病症。

我认为我们赖以生存的环境涉及到了我们怎样规定自身、寄托了什么样的期望与希望的核心问题。人们对美丽的事物做出本能的反应，这不是通过放幻灯能学来的东西。人们对空间的质量、比例、色彩、灯光、节奏、质地都有感觉。他们很容易就能想象出一个人从城市居住空间到充满空气与阳光的优美房间，或从商业街停车场到香榭丽舍的心理反应。

我们企图相信人们没有看到或感到这样的差别，但他们确实看到了也感到了。在视觉上或感觉上更好的地方人们会生活得更加舒适。我们不是生活在野外的动物，我们是人。

艺术是衡量健康的尺度。如果在一种文化中艺术繁荣了，它就意味着人们得到了最基本的生活需求：找到蔽护、没有战争、政府稳定、衣食无忧并且拥有希望。一旦你得到了这些条件，你会怎么做呢？你会梦想、写作、绘画、造园。造园确实是一种奢侈行为，这就是为什么没有什么文化能够真正形成本土的庭园。稳定而丰富的文化方能提供这些环境。我的失望是我们美国有能力创造这样的环境以使我们生活得更好，但我们没有这样做。

能谈一下在园林中你对几何的应用吗？

直角与直线是人类创造的。当我们在园林中加入几何秩序时，我们把园林与人类的思想结合在了一起。几何清楚定义了一个人造的而不是自然的环境。如果你想在自然固有的纷杂中找到某些可读、可看的东西，那么最快捷的方式就是加入几何秩序。几何也是城市的延伸，一种把建成的作品整合于现存的网格中的方式。

我对把空间与个人的经历协调在一起很有兴趣。对室外空间来说，这样做并不容易，因为尺度的问题——它通常比建筑尺度要大得多。况且室外空间还具有混乱的本质。我们脑中的几何形式就像心中揣着的地图——我们能记住一个圆或一个方看着像什么。因此，如果你把这些形体放到地面上，他们就能在空间中为人们指引方向。相反，当人们遇到了一种他们未曾见到过的无定形的或自然的形式，那么这些形式将变得更加混乱不堪，你再也不能辨认你在哪儿。在室外你需要熟悉的心理地图。

举个例子来说，“城堡”是个高度规整化的园林，它由一系列重复出现的熟悉形式组成。这种重复既呼应了建筑空间又形成了另一个空间。实用的空间在我的设计中是常用的主题，就像房间是用来给人们居住的一样。这一点就它本身而言是同自然有力的对比。

你怎样定义庭园？

同园林相反，庭园是一个创造隔离感的场所。这种隔离必须靠建立门槛——不管是真实的还是暗示的来做到。这道门槛拥有离开一个世界进入另一个世界的能力。庭园的基本功能是：带给人们心理空间梦想、思考、休息或与世界脱离。它的功能在于打断日常事务，就像进入了一座教堂或神庙一样。它意味着要描述另一种类型的心理空间，帮助你接触到真正的自己。

美国园林的未来会是什么样的？

我们不得不重新定义我们所谓的园林。我把园林看做是建筑印记以外的任何事物——道路、高速公路、停车场以及存在的每一样事物。如果我们只是把公园、庭园以及广场看做是建筑的附属品，那么园林就会成为一种越来越边缘化的行业。我们必须全力以赴使之变得更有用。我们必须从事少一点色情、少一些权威导向的工程，并且着手治理在形体上、视觉上开始退化的园林。这就是我们的未来。为有钱人造园固然报酬丰厚，但对捍卫我们行业的重要性还远远不够。

居住于环境平衡的世界开始变得越来越重要。然而，许多人并不觉得在创造合理的环境中设计非常重要。我认为这是行业造成的错误极端。我希望我们对环境的敏感性总有一天会体现在我们对建成环境视觉质量的强调上。我们将肩负起这样一种责任：为人类创造合理、健康、美观且富有内涵的环境。

庭园介绍

112 面包圈花园
113 斯特拉花园
114 轮胎糖果园
115 怀特海德学院拼合园
116 金县监狱庭园
118 技术革新中心
120 瑞欧购物中心
122 费姆国际游泳馆
123 石灰图案与空中图案
124 草坪花园
125 悬挂德克萨斯矢车菊的机场
126 贝克顿·迪克森免疫部
128 新英格兰大屠杀纪念碑设计竞赛
130 昆沙尔博物公园设计竞赛
131 生物圈设计竞赛
132 洛杉矶中心
134 哥伦比亚中心
135 莫斯考恩中心设计竞赛
136 福冈国际公寓
138 迪肯森住宅
140 城堡
142 史努比花园
144 住房及城市发展部广场改造
146 戴维斯住宅
148 雅各布·贾维茨广场
150 1994 年世界杯环境设计
151 里特曼家的婚礼
152 联邦法院广场
154 巴尔的摩内港设计竞赛
156 慕尼黑风景公园
158 迈阿密国际机场声墙

面包圈花园
Bagel Garden

地点：Back Bay
Boston, MA
日期：1979
摄影：Alan Ward

受过艺术训练的施瓦兹在剑桥一所园林事务所当实习生时发展得并不顺利。她渴望能亲自动手快速而节省地建造自己的作品，于是着手处理了自家乔治亚时代风格的联排住宅前22平方英尺的花园。施瓦兹的构思以法国文艺复兴时期为跳舞和庆典而设计的舞台为出发点，并在现状规整的花园中加入了两个同心的方形绿篱。这个前院不仅是为庆祝她丈夫出差一周返回而安排布置，而且也成为这位园林艺术家最喜爱食物的一首颂诗：“面包圈是朴实、亲切并且有传统风味的，”她解释说，“此外，我不花很多钱就可以买到很多。”

在16英寸高的内外黄杨篱方块之间，施瓦兹布置了一条30英寸宽的紫色卵石带，其上网格状安放了8打经过防腐处理的面包圈。在内侧方形树篱里面，她种植了30株紫色藿香用以搭配卵石带，也成为现状一棵鸡爪槭的配景。“尽管开了许多次庆祝会以招待帮助建造的客人并且我丈夫也回来了，”施瓦兹回忆说，“但他并不特别高兴。”几天后全家去欧洲消夏，猫发现了这花园，面包圈最终也腐烂了。

透过花园大门看到面包圈整齐匀称的排列

面包圈花园平面

斯特拉花园
Stella's Garden

地点: *Bala–Cynwyd, PA*
委托人: *Stella Schwartz*
日期: *1982*
摄影: *Martha Schwartz*

玛莎·施瓦兹为其母亲在费城郊区的联排住宅公寓而建造的花园是极耐用的。“我母亲一点儿也不擅长园艺,而且植物也从未给她带来好运”施瓦兹说。当时她正试图在风景园林行业内实践自己观点,却又几乎没有什么客户,因此花园的建造也不得不是便宜的。现状是一小块20英尺见方的沉闷而荒凉的土地,以她母亲的车库墙和相对的邻居家花园为界。施瓦兹太太是一位忙碌的房地产销售商,要求花园要易于维护。她从不走进花园,而是透过厨房和卧室窗户向外观赏。

施瓦兹的方案是把这个荒凉的、无人问津的庭院改变成一个适于观赏、富有想象力的环境。她从母亲的车库里收集来零碎废物:铁丝网、摇晃的木梯、废弃的垃圾箱。几个月内,她按磅买到了树脂玻璃碎料。尽管俭省极简的艺术审美在当时是一种时尚,她还是想探究在最纯粹的形式中增加某种主题而不是剔除主题。

一道彩色的有机玻璃篱笆将斯特拉花园同它的对户人家相隔离。铺着水洗砂砾的院子中有一个10英尺见方炉渣砖砌成的平台和嵌丝玻璃制作的桌子。两根彩柱上绕着铁丝“云”,像是花园大门。5个沿着车道排开的垃圾箱涂上了闪光漆和环氧树脂。

嵌丝玻璃桌和“飞网”平面

从卧室窗口透过铁丝云观看

轮胎糖果园
Necco Garden

地点: *Killian Court*
Massachusetts Institute of Technology
Cambridge, MA
客户: *Hayden Gallery, MIT*
日期: *May 1, 1980*
设计组: *Martha Schwartz, Inc.*
Peter Walker
Rebecca Schwartz
摄影: *Alan Ward*
Martha Schwartz

法国古典庭园通过图案装饰的水平面、系列景物和能够夸大距离感的平行线来组织大型空间。轮胎糖果园是为麻省理工学院海顿画廊设计的一个临时(一日)设施。它采用法国庭园式的手法和几何图形,用以表现麻省理工学院大庭院的庄严和规整。施瓦兹选择尼克糖这种常见的彩色糖果圆片是因为与校园相邻有一座尼克工厂始终散发着糖果的甜香(这家工厂也为此捐赠了 80 000 颗尼克糖果)。因为是建于 5 月 1 日,尼克糖的柔和色彩伴随着初春的景象,令人感到欢乐。

尼克糖形成的方形网格占据了 100 英尺×170 英尺 (1 英尺=0.3048 米)地面并和周围的建筑物相平行。漆上与尼克糖相应颜色的彩色轮胎组成的点状网格与尼克糖网格斜交,指向了海泽的新雕塑。

这个由尼克糖排成的 10 英尺×10 英尺格子拼成的网格,使得大庭院的地面生机勃勃。那网格和越过查尔斯河的波士顿后湾(Back Bay)网格相平行,表现了麻省理工学院更大的城市背景。

轮胎糖果园和后湾俯瞰

尼克糖和轮胎组成的装饰花园

车库中轮胎被漆上与尼克糖相配的颜色

排列尼克糖

沿着基线放尼克糖

怀特海德学院拼合园
Whitehead Institute Splice Garden

地点： *Cambridge, MA*
客户： *Whitehead Institute for Biomedical Research*
日期： *1986*
设计组： *The Office of Peter Walker and Martha Schwartz Bradley Burke*
施工： *Terry Lee Dill Robert Scheffman*
服务商： *Aptikar Arts Management*
摄影： *Alan Ward Martha Schwartz*

这个位于马萨诸塞州剑桥市的25英尺×35英尺的屋顶花园是戴维·巴尔的摩（David Baltimore）主任为怀特海德学院——一所生物医学研究中心而收集的大胆的艺术收藏品之一。

这是一个9层办公楼顶上的无生气的屋顶花园。单调而平坦的表面和高大的围墙共同形成了一个阴暗、冷漠的空间。从一间教室和一个员工休息室可俯视到它。休息室可通向花园，使它成为潜在的用午餐的地点。

除糟糕的空间外，花园的地面是用一种混凝土楼板系统建造的，不能负重。此外屋顶也没有水源和维护人员，并且缺少足够的预算，排除了引进活的植物的可能性。

然而，加入足够的花园符号来体现某种绿意盎然的花园景观是完全有可能的。“其他文化中有许多能创造庭园抽象符号的范例”施瓦兹指出，“例如，日本庭园中具有象征意义的园林通常蕴含了更大尺度的景观。这就是在怀特海德运用的策略——通过抽象、象征主义和借鉴来造园。

施瓦兹试图把花园同学院从事的研究联系在一起。花园带有警戒性地叙述了关于基因拼合本身与生俱来的危险性——可能产生一个怪物。

这个花园就是一个怪物——把源于不同文化的庭园像联体婴儿一样拼接起来：一边是法国文艺复兴风格的花园，另一边是日本的禅宗庭园。组成这些花园的要素已被扭曲：典型的禅宗庭园中的石块组成了法国花园中的整形树坛；其他的植物，例如棕榈和针叶树，处于奇怪而陌生的联系中。一些植物从垂直的墙面上伸出，其他的则在墙顶上摇摇欲坠。

花园中所有的植物都是塑料的。可以当坐凳的修剪的树篱，是包裹了人造草皮的钢材。绿色的砂砾和涂料做出了最强烈的暗示：这是一座花园。

此设计试图为这座办公楼中的科学家制造一种视觉上的迷惑。同时花园也是“化学改善生活”的一首赞美诗。

从教室内观看花园

拼合园平面

沿拼接处的地面景象

禅宗花园部分

禅宗式的整形树

禅宗式墙体

金县监狱庭园
King County Jailhouse Garden

地点： *Seattle, Washington*
客户： *King County Arts Commission*
日期： *1987*
设计组： *The Office of Peter Walker and Martha Schwartz*
Ken Smith
Martin Poirier
Bradley Burke
建筑师： *NBBJ*
施工： *Larry Tate/ Fabrication Specialties*
摄影： *Martha Schwartz*
Art on File
James K. Fanning

轴测图

西雅图的新监狱在设计中并没有考虑安排大厅或休息室，无处可供律师、带着孩子的家庭以及其他访问者会面。用混凝土和陶瓷铺砌的广场花园提供了一个活泼的、低维护的见面场所。广场表面铺上了碎瓷砖；各种供孩子们玩耍的雕塑般的造型物象征了绿篱、整形修剪的树木、花坛、和一个喷泉。碎瓷片和暴露的骨料成条纹状地贴于表面。广场后面建筑物的墙上一幅陶瓷壁画暗示了开放的空间；简单的拱门代表一扇园门，意味着一个出口。尽管那景象暗示着逃跑的观念，贴碎瓷片的墙实际上起监禁的作用。

方案着重考虑了地平面并淡化了建筑物的超大体量。造型物的颜色和比例给冷峻的空间带来了舒适；“整形修剪”的形式提供了坐憩的地方。

瓷砖碎片象征花园正经历着瓦解前的刹那。丰富的色彩与造型实体掩饰了一个更深层面上的信息：对于混乱、危险和脆弱的囚犯生活的认识。

俯瞰轴线、十字轴、圆形的“水元素”和“整形树”

圆形的“水元素”和曲折的“喷泉”

装饰性的“树形坐凳”和装饰性的半球形

入口处“X”形警告标记

“水元素”边手工拼成的碎瓷砖特写

技术革新中心
Center for Innovative Technology

地点: *Fairfax, VA*

客户: *Center for Innovative Technology*

日期: *1988*

设计组: *The Office of Peter Walker*
and Martha Schwartz
Ken Smith
David Meyer
Martin Poirier

建筑师: *Arquitectonica International*

摄影: *Marc Treib*
David Walker
Peter Walker

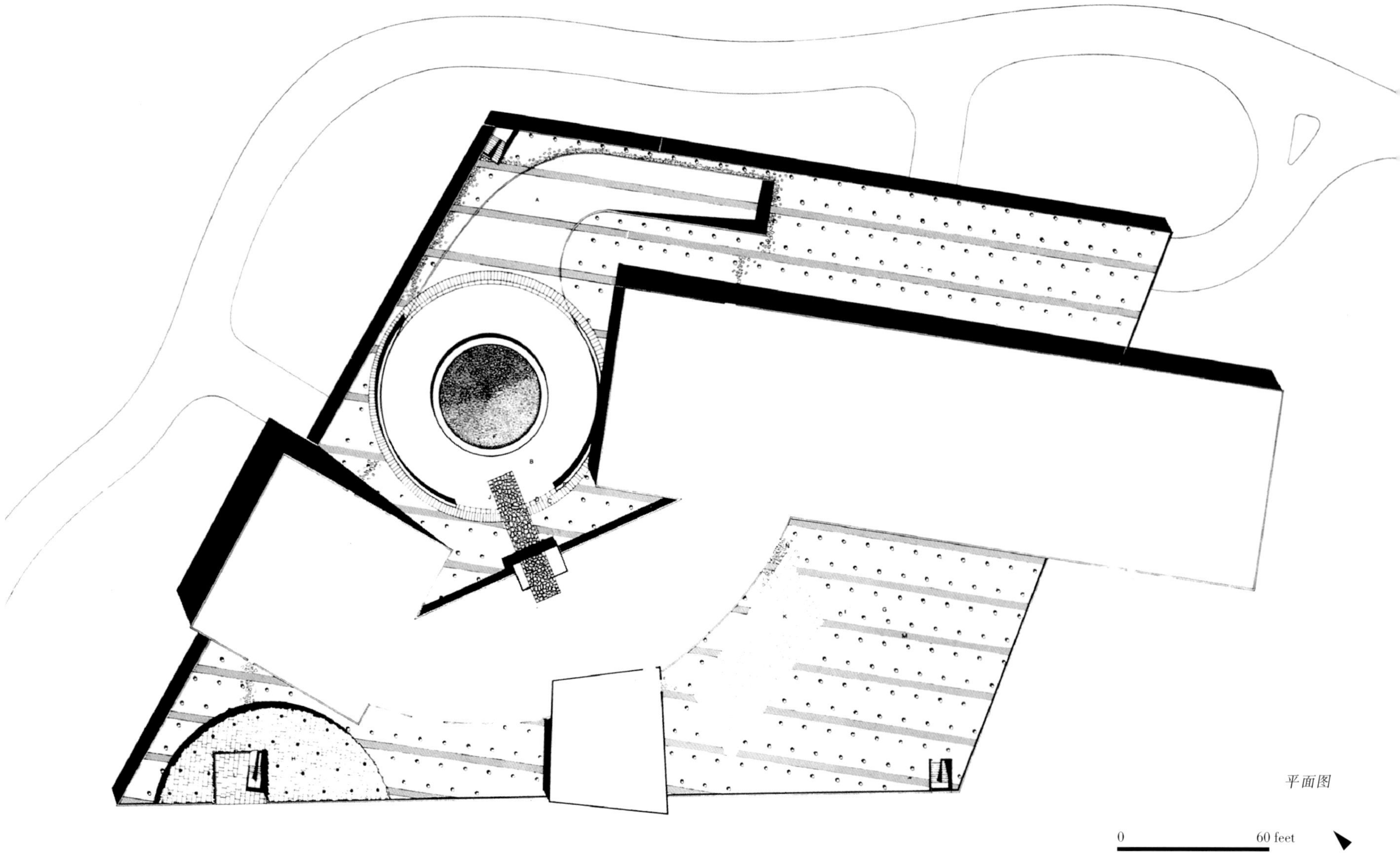

平面图

弗吉尼亚费尔法克斯市(Fairfax)的技术革新中心，是一个由政府支持的交易科研成果的经济实体。它给施瓦兹提供了首次与迈阿密的国际建筑事务所合作的机会。43 000 平方英尺的场地包括一个梯形 4 层停车库的顶面，其上则是形状怪异的办公楼群。

通往综合大楼入口的是环状回车场，中心堆起的种上黄枝山茱萸的小丘加强了它的环状。两块迎宾毯似的块石铺地朝向办公大楼。两楼中较小一座的露台栽上了小叶菩提树，其周围是一圈紫色砂砾铺地。随意放置的金色及灰色混凝土石块组成了一个平行四边形广场，呼应了该中心塔楼的造型。自助餐厅附近可以用餐的院子包括了用深浅铺装做成的混凝土棋盘。

最初的方案要求在环绕该中心的草地中放置彩色镜面球。球体本身像是大楼镜像立面的一部分，花朵一样地分散在草丛中。但业主最终决定：除非这些球体有某种实际意义，否则放置它们是没有道理的。对于施瓦兹来说，球体的取消让她猛然醒悟到业主们与建筑和园林行业间存在着不同的观点。“人们期望一座建筑物能传达一种观念或展现一种主要的形式，但却并不认为园林也是充满智慧因素的。它成了一种消极领域，建筑可以突兀地存在其间。”她把这种对园林的态度描述成一种“环境原教旨主义”，人们对于园林有着强烈的、带感情色彩的观点，尽管他们对它知之甚少。

从大楼幕墙中照出的入口处回车场的影像

入口下车处和来宾停车处平面

临近主通道与礼堂的台地区

通过砾石和菩提树看到的球体及石板条

砂砾、石块、球体组成的开敞的平台

瑞欧购物中心
Rio Shopping Center

地点： *Atlanta, GA*
客户： *Ackerman and Company*
日期： *1988*
设计组： *Office of Peter Walker and Martha Schwartz*
Ken Smith
David Meyer
Martin Poirier
Doug Findlay
David Walker
建筑师： *Arquitectonica International*
摄影： *Martha Schwartz*
Rion Rizzo/Creative Sources

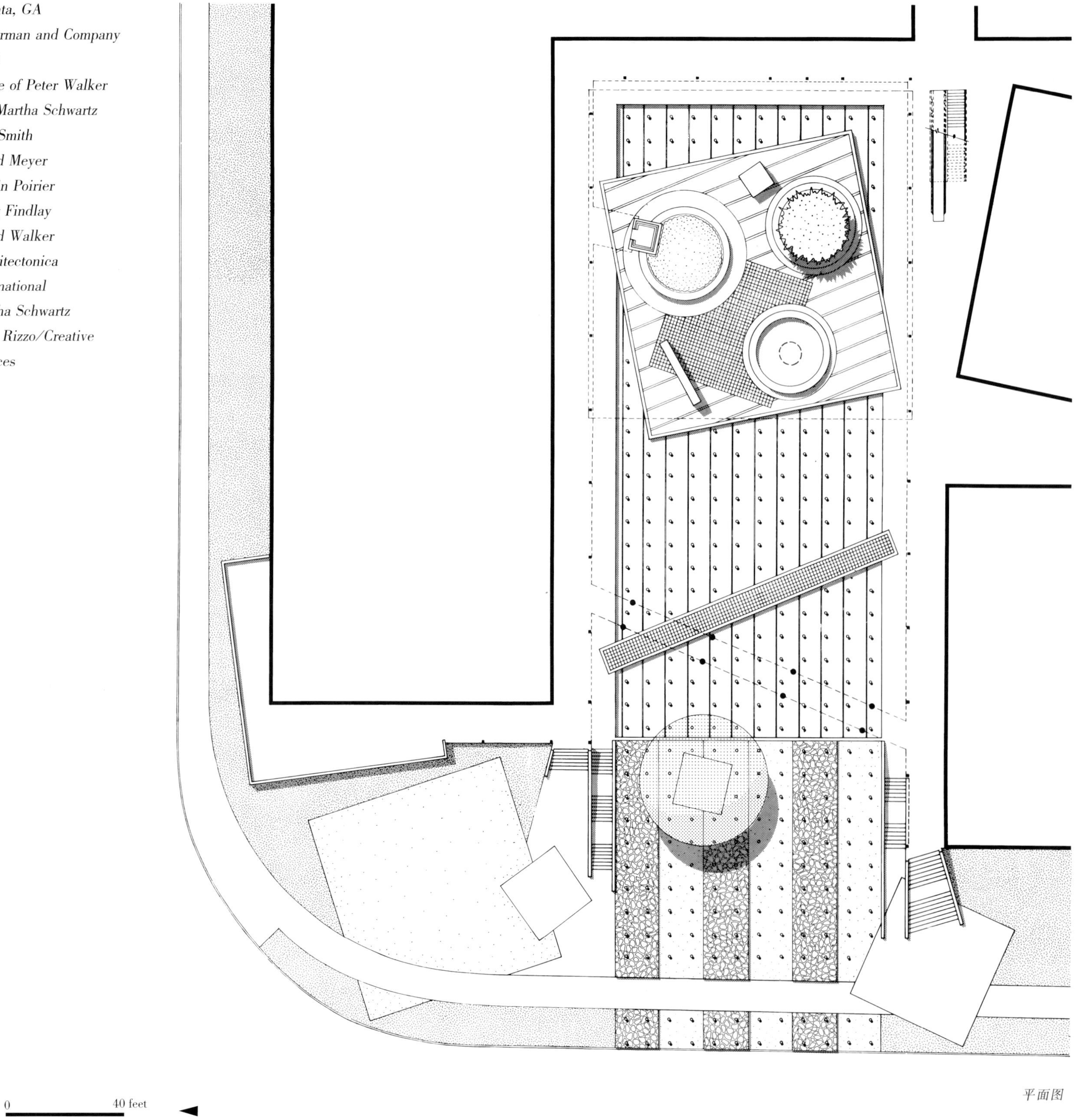

平面图

在亚特兰大市中心的一座特制品购物中心庭院，一群镀金青蛙礼拜着一个球体框架。由迈阿密国际建筑事务所的建筑师们设计的瑞欧购物中心位于亟待复兴的混乱地带，在繁忙的十字路口中，它显得十分醒目。球体充当了这个零售中心的标志；第一层的商铺都朝向这个低于街道10英尺的庭院。

交叠的草坪、铺装、石头以及建筑形成了设计的基本要素。广场还层叠了其他的几何元素——线条、圆形、球体和立方体。这些元素汇聚于一个神秘的黑色池中，在夜晚被发光的光纤管反射成条纹状。

青蛙成网格状地排列在高达40英尺球体的基部。它们位于通往庭院道路的斜坡上。乱石及草地组成的相间条纹覆盖着斜坡；青蛙组成的网格沿坡而下并穿过池子，他们全都面朝巨大的球体，仿佛在表示敬意。球体最终成为了葛藤的支架，并安装上了一个雾喷泉。一个越过这焦点的方形广场提供了聚会场所，其中有一个圆形酒吧、一片高过屋顶的竹林以及由艺术家达拉·伯恩鲍姆(Darra Birnbaum)设计的录影装置。

一条漂浮的小径，类似一座桥梁，连接着购物区的两边。

RON RIZZO

葛藤球及青蛙池塘景观

RON RIZZO

广场的果汁吧/舞池平面

前草坪上的青蛙和碎石

RON RIZZO

从街上望前草坪及葛藤球

费姆国际游泳馆
International Swimming Hall of Fame

地点： *Fort Lauderdale, FL*
客户： *City of Fort Lauderdale*
日期： *1987*
设计组： *Office of Peter Walker/ Martha Schwartz, Ken Smith Gabe Ruspini*
建筑师： *Arquitectonica International*
模型： *Gabe Ruspini Ken Smith*
模型摄影： *David Walker*

这是众多项目中第一个利用醒目的条纹作为空间序列手法的设计。工作组建议与国际建筑事务所合作，把现存的游泳设施改造为一个博物馆、码头和公园。条纹的应用受雕塑家卡尔·安德烈(Carl Andre)的极简主义风格的楼板作品启发，后者在二维平面上形成了三维空间。施瓦兹解释说："这种手法极其适用于园林，这是由于我们限定并控制景观的手段依赖于对平面的处理。"

该项目不仅要求在平面上把现存的分散的各部分组织起来，同时设计中还跨过两条道路和一个已有的公园，把综合大楼与常用于游泳比赛出发点的海洋连接起来。地平面也将费姆馆和邻近沿着一处破旧高速公路段的房地产区分开。

条纹使人联想起了游泳池中的赛道，它把10英亩的草坪、水池区和停车区联成一体，继而穿过公路及海滩，一直伸向大海。在停车区，条带由彩色混凝土组成，草坪区则由草坪和铺装组成，在水池区又是由不同颜色的铺装组成，甚至在海滨区也是由成行栽植的海滨燕麦草组成。

华盛顿蒲葵棕榈形成的小树林构成了一条强烈的轴线，给比赛终点时从海洋冲刺至泳池的选手提供了通道。

在公园里，一片起伏的草坪象征着海浪。100头跳跃状的水泥海豚喷泉喷出了柔和的水雾。

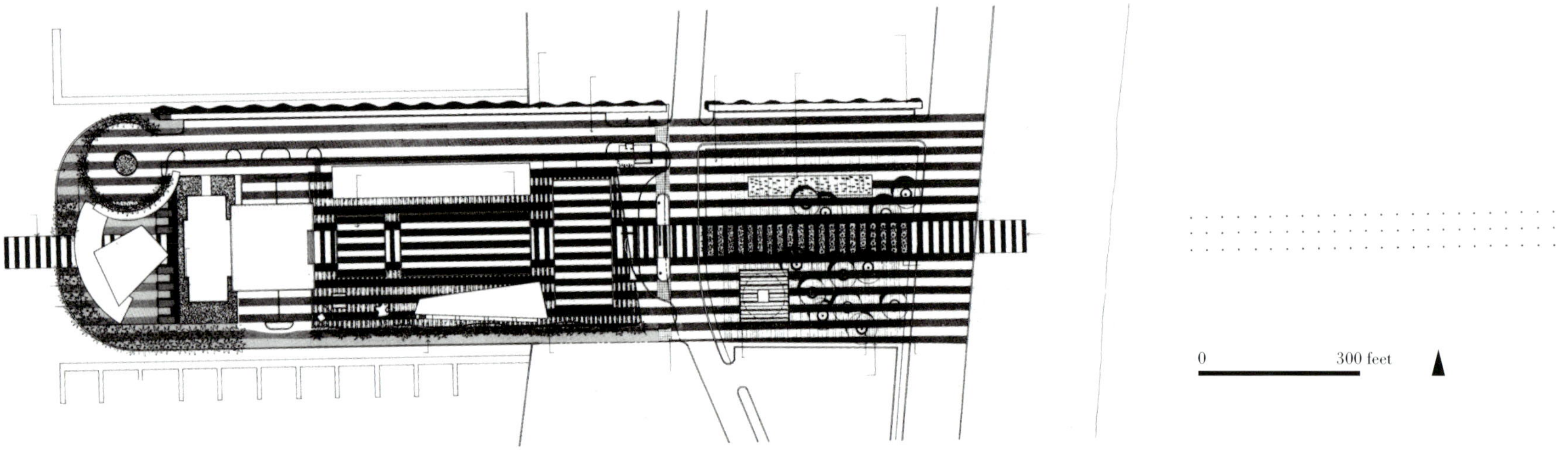

现存建筑物的俯视图，新"波状"博物馆和规划的园林

带状泳道延伸至海滩；轴线由一排浮标标示

起伏的绿篱呼应了波状顶棚的韵律

波状草坪从现存的水塔下穿过

石灰图案与空中图案
Limed Parterre with Skywriter

地点:	*Radcliffe Quadrangle Cambridge, MA*	*日期:*	*May 1988*
客户:	*Office for the Arts at Harvard and Radcliffe*	*艺术家:*	*Martha Schwartz,*
		设计组:	*Ken Smith*
		摄影:	*Martha Schwartz David Walker*

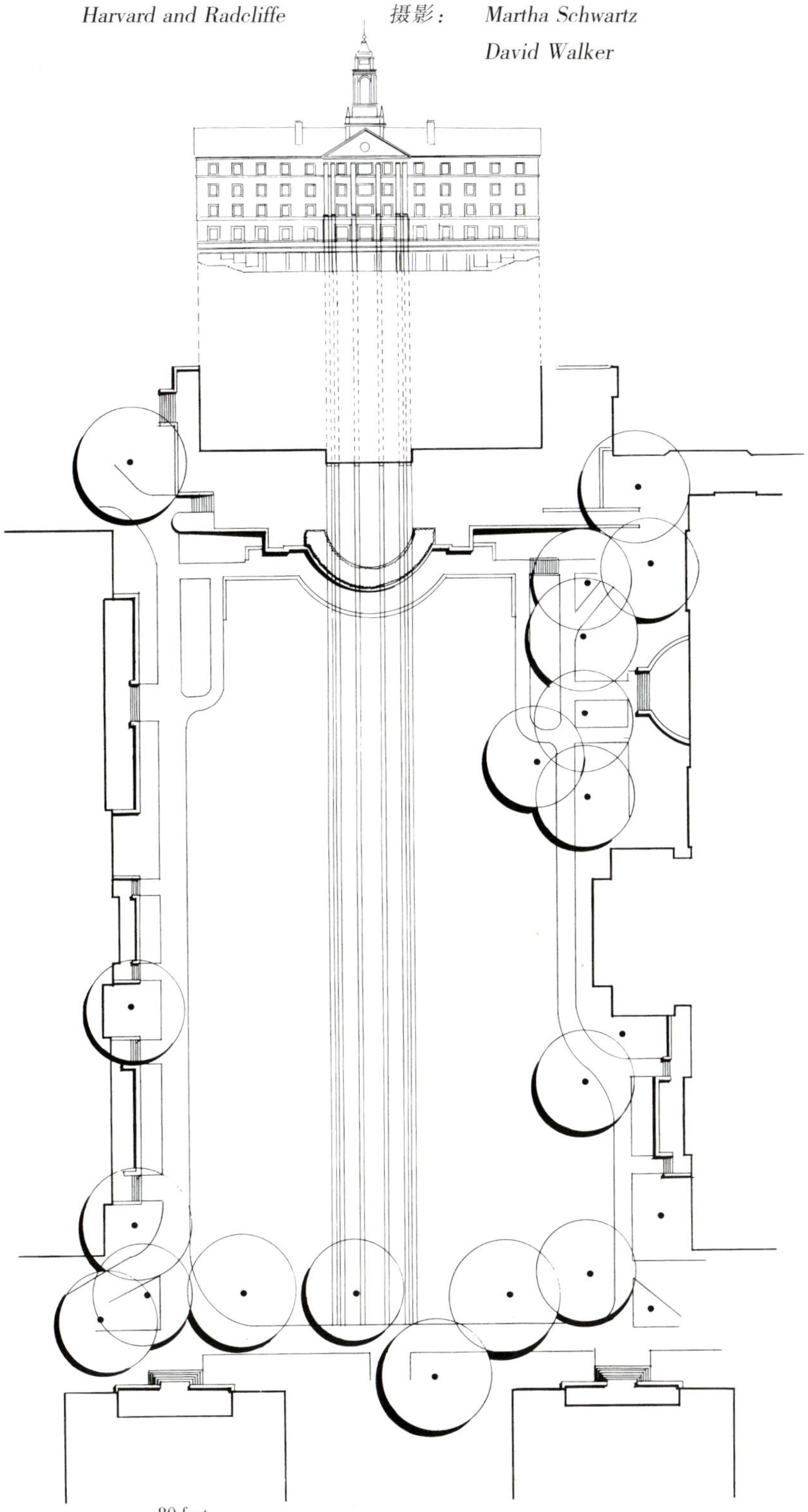

摩斯大楼是马萨诸塞州剑桥雷德克里夫住宅方庭中的一个新古典主义宿舍。当这座大楼在1988年修复时，哈佛大学委托设计了一临时作品来庆祝方庭的完全修复。

宿舍位于哥特式建筑方庭的一端，从视觉上支配着古典主义秩序的空间。大楼底部一家新开的自助餐厅及重新整过坡的草坪切断了宿舍与底平面的古典主义联系。新建筑也毁坏了草地的平整性，而后者正是方庭与周围建筑物的联系组织。“石灰图案与空中图案”尝试把建筑物和方庭景观重新拉回到它们的古典位置中来。

在这临时设施中，摩斯大楼前部6根现有的壁柱线条得以延伸。线条穿过自助餐厅到达草坪，然后以人工撒石灰的形式纵向越过草坪，穿过停车场，朝街道延伸。6条在空中的雾状条纹与草地上的条纹相平行，形成了一个75英尺宽、325英尺长、5 000英尺高的空间。空中条纹在两小时内重复好几次，汇聚于宿舍后面的地平线上，仿佛大楼产生了草坪及空中的条纹。那雾、石灰以及彩色线条，重新联接起了摩斯大楼和它的古典方庭。

摩斯大楼的壁柱线条绘于新修建筑顶部又延伸到草坪

用石灰将壁柱绘在草地上

石灰线条绘过罗斯·米勒的“草皮覆盖的野餐桌”艺术品

草坪花园
Turf Parterre Garden

地点： *World Financial Center*
Battery Park City, NY
客户： *Olympia and York*
日期： *October 1988*
艺术家： *Martha Schwartz,*
设计组： *Ken Smith*
建筑师： *Cesar Pelli*
摄影： *Robert Walker*
Lisa Roth

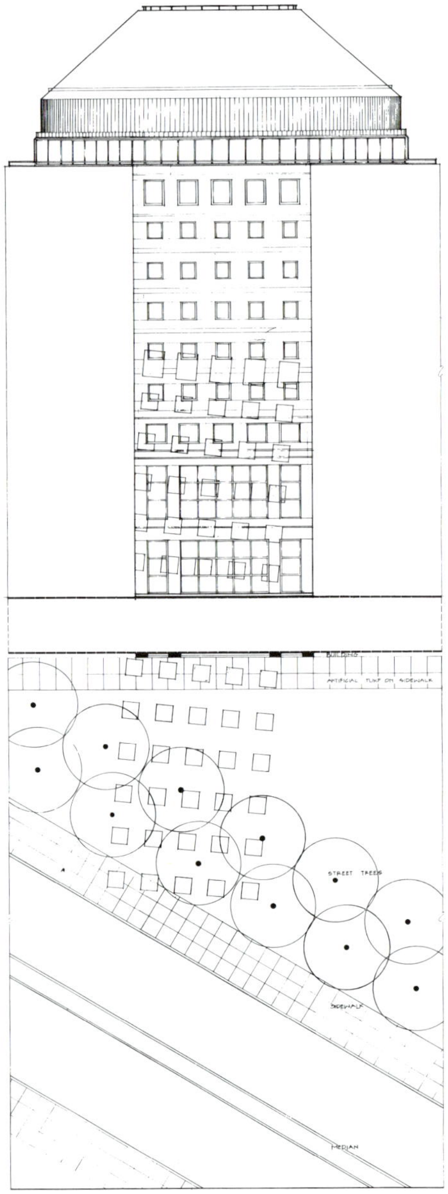

0 50 feet

草坪花园是一个作为“新城市景观”之一的临时性艺术设施，该“新城市景观”是对30位艺术家及建筑师们作品的展示，标志了曼哈顿南部世界金融中心的竣工。

由建筑师西萨·佩里设计的建筑立面，因网格状排列的方形窗户及花岗岩单元而显得很突出。草坪花园的意图是采用建筑师的立面图案并重新应用于大楼，以花园的形式产生另一层面。花园如一卷有图案的维多利亚时代墙纸一般从楼前的草坪上铺开，延伸至大楼的某个立面，把园林和建筑组织在了一起。一块块草皮按照窗户的图案，从大楼及高速公路西侧草坪上移除，产生了大楼立面精确的镜像。塑料草皮组成的图案向上延伸至大楼，贴在表面。通过出人意料地偏移，花园层面被替换了，在几乎相同的花坛与建筑立面网格之间产生了不协调。这种不协调目的在于产生残缺感，就如同在一座如画般的庭院中见到一座倒塌的庙宇和仿造的残迹一般。

草坪花园图案倾斜于大楼网格

大楼立面为花坛提供了界面

人造草皮面板的特写镜头

悬挂德克萨斯矢车菊的机场
Hanging Texas Bluebonnet Field

地点：	*Robert Mueller Municipal Airport Austin, TX*
客户：	*City of Austin Art in Public Places Program*
日期：	*1988(completed)*
艺术家：	*Martha Schwartz,*
设计组：	*Ken Smith David Meyer*
摄影：	*Peter Walker M. Peters*

当奥斯汀市在20世纪80年代中期扩建它在20世纪60年代建造的飞机场时，玛莎·施瓦兹，理查德·波斯纳（Richard Posner）以及吉米·加拉佩诺（Jimmy Jalapeno）作为艺术家被委托在包括机场通车道、停车场、下车点及入口广场在内的六十多英亩的基础设施场地上，创建独特的户外小品。施瓦兹的方案结合了成行的树篱、防风林以及为引导人们穿越停车场而设计的林阴小道和通向入口的道路。不仅利用现有景观，这些元素试图通过把开放的场地细分成不同的空间，产生一种新尺度的空间和视觉体验。许多种德克萨斯当地植物被选来使每一条线路看上去各不相同。新的终端建筑入口是个100英尺见方的广场，由当地的石灰石铺砌。新旧大楼交界处的一个三角形庭院密植了当地森林树种。塑胶犰狳行走于亮蓝色砂砾层，一组造型飞扬的塑料仙人掌植物悬垂其上。

机场内部，倒挂的德克萨斯州花——德克萨斯矢车菊，从混凝土筒形拱顶天花板上悬垂下来。丝制的矢车菊，由系在天花板上镀铬球链悬挂，从机场前门到中央大厅排成一线。由于机场的通风系统，悬于乘客头上3英尺的矢车菊看来像是在微风中摇摆。

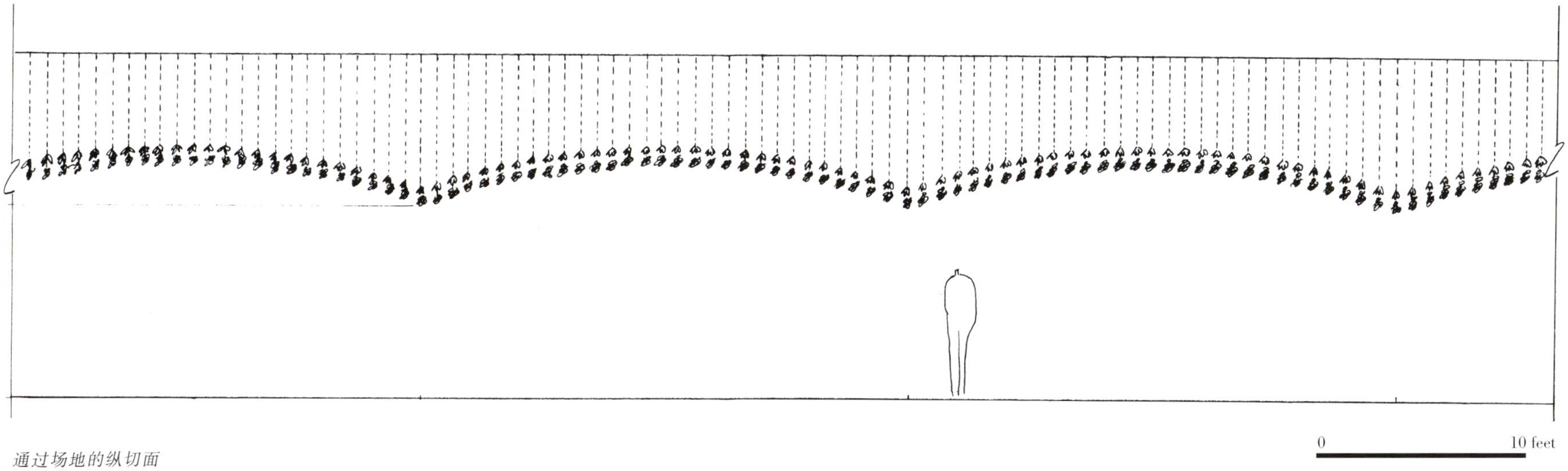

通过场地的纵切面

矢车菊的安扎

从中央大厅看到的倒挂矢车菊

由球链悬在天花板上的丝制矢车菊

贝克顿·迪克森免疫部
Becton Dickinson Immunocytometry Division

地点：San Jose, CA
客户：Becton Dickinson
日期：1990
设计组：Schwartz Smith Meyer
Ken Smith
David Meyer
Doug Findlay
David Jung
Sara Fairchild
建筑师：Gensler and Associates
摄影：David Meyer
Michael Moran

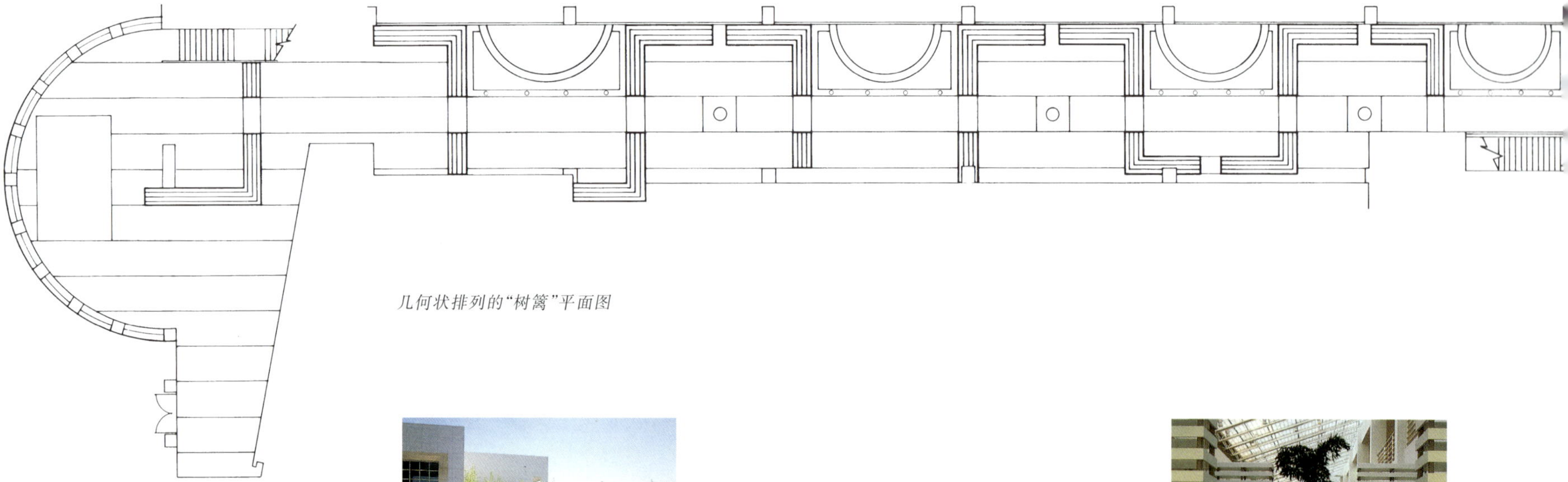

几何状排列的"树篱"平面图

位于规整的车辆入口处的岩石及树篱组成的螺旋形圆丘

沿廊而排的"树篱"造型

12 个分等级的花园“空间”把两层半高的中庭和 2 英亩的停车场改造成了加利福尼亚圣何塞的医疗研究中心综合大楼。一个个树篱状的爬满榕属植物的木架子围绕着水池，这些高矮的“绿篱”形成了大小空间，从大厅附近用 16 英尺高“绿篱”围合成的 24 平房英尺的空间到 6 英尺高围合成的 4 平方英尺空间不等。其中较高的，更为封闭的空间被当作私人会议空间，矮墙围成的空间用作自助餐厅。彩色的混凝土水池围绕着栽有虎尾兰的陶瓷砖面花盆。球体顺着可当坐凳的瓷砖池沿排开，水从中射进池中。一条鱼尾葵的柱廊增强了中庭的中轴线。

中庭的混凝土地面用整块整块的预制彩色混凝土铺成了绿、黑条纹。这图案延伸出大楼从而与停车场形成一整体，那里由石块与榕属植物组成的一个螺旋形圆丘形成了视觉焦点。

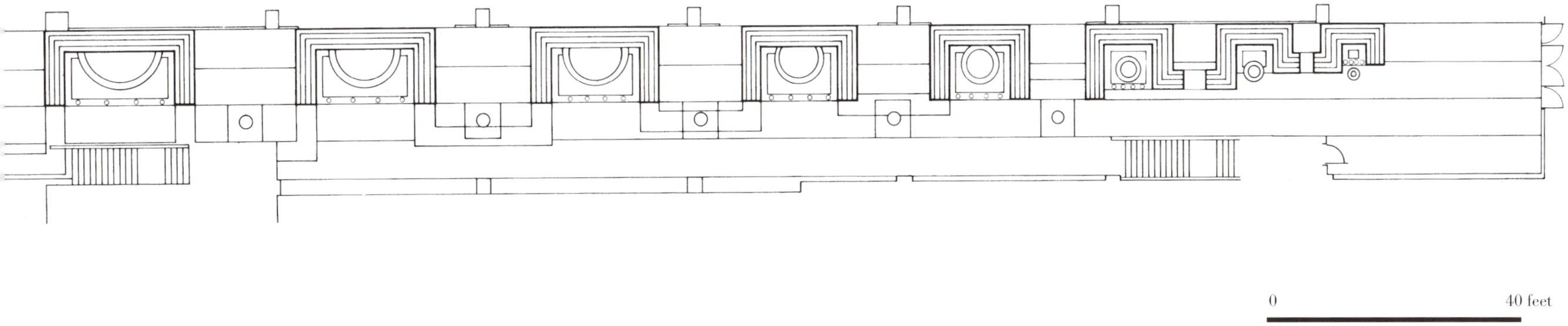

形成小空间的矮“绿篱”景观

从二楼办公室所见景观

随着“树篱”在中庭中蜿蜒，池子尺寸大小不同

球状喷泉喷出一股水流入池

新英格兰大屠杀纪念碑设计竞赛
New England Holocaust Memorial Competition

地点：　Boston, MA
客户：　New England Holocaust Memorial Committee
日期：　1991(finalist)
设计组：　Schwartz Smith Meyer
Ken Smith
David Meyer
Sara Fairchild
Kathryn Drinkhouse
电脑绘图：　France Israel-View by View

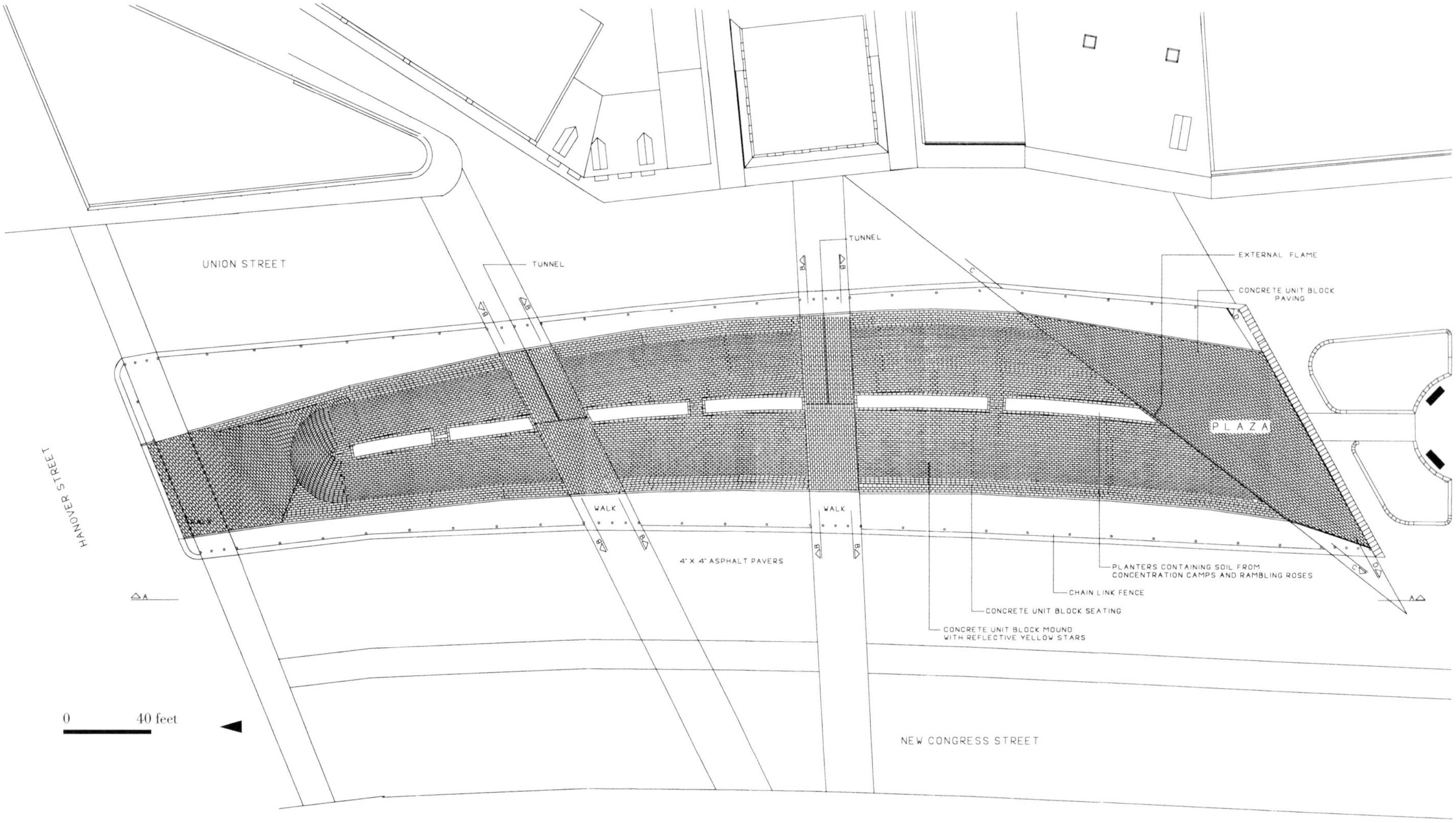

场地平面图

新英格兰大屠杀纪念委员会为大屠杀纪念碑举办了一次公开的设计竞赛。该碑拟建于波士顿市政厅和一片18世纪建筑（包括该市最古老餐馆）街区之间的带状交通岛上。由于建在主干道中间，纪念碑的设计必须宏大而简洁，足以使过往车辆具有视觉体验。一座具有面包般外形，被人行道“切片”贯穿的纪念碑占据了整个场地。方案有意形成一种模糊的雕塑体，使外表看上去既像坟包，又像是一块面包或是一列火车。

该土丘12英尺高、305英尺长、30英尺~53英尺宽，由8英寸×8英寸×16英寸混凝土单元组成。要使大屠杀中死去的每个人拥有一个混凝土单元块共需300个那样的纪念物。石块上刻着戴维之星，使人回想起被监禁的犹太人戴的袖章。这些黄色的星星在夜晚闪闪发亮，仿佛被车灯洗过一般。诸如粉红色的三角形和同性恋者及吉普赛人被迫戴上的棕色方形等其他标志物，被混合在这些黄色六芒星形的海洋中。土丘顶部从6个死亡集中营中运来的6箱土上栽了开白花的藤本蔷薇。

穿越纪念碑时，行人可以瞥见一条纵贯墓地的直径18英寸的隧道。当人们向洞口张望时，黑暗中百万颗小光点闪闪烁烁。

一段希伯来人为死者祷告的经文雕刻在纪念碑的南墙上，旁边燃着长明火。

纪念碑南面景观

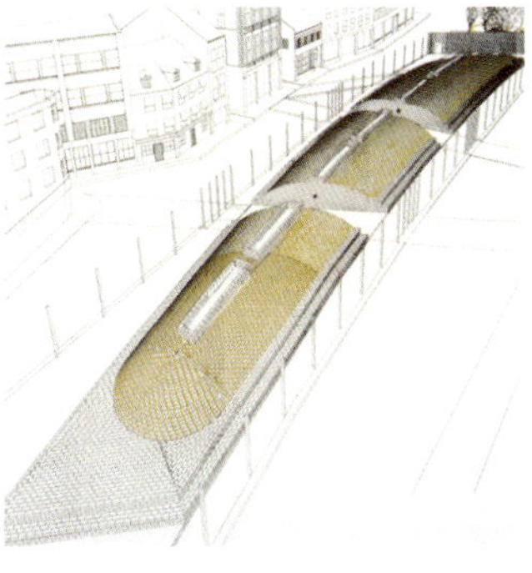

纪念碑鸟瞰

用黄色反光漆印在混凝土块上的戴维之星

昆沙尔博物公园设计竞赛
Kunsthal Museumpark Competition

地点: *Rotterdam*
The Netherlands
客户: *Kunsthal*
日期: *1990*
设计组: *Schwartz Smith Meyer*
Ken Smith
David Meyer
Sara Fairchild
建筑师: *Rem Koolhaas*

这个项目是为建筑师库哈斯设计的新艺术博物馆场地而做的竞赛方案。新的建筑毗邻鹿特丹的一座19世纪建筑及公园，占据了2.5英亩场地，因此不得不考虑对二者的影响。

一座大型的雕塑般的椭圆形土丘立于19及20世纪建筑物之间，调和了两种刻板的建筑语言。6英尺高的土丘由黑色河石堆砌，并在视觉上浮在一个大型黑色反射池表面，象征着博物馆场地占据的是围海造田的土地。土丘在两座博物馆之间形成一座陆地桥梁或小岛，正如博物馆一样，土丘代表了愈来愈平凡的当代都市生活海洋中的文化与艺术之岛。步道和突出于建筑物外的平台与土丘相交。现状树木通过深入土丘的树井得到了保护。

与两座直筒形的建筑形成对比，土丘是生物形态的，像一个大的黑色甲虫或水生昆虫——它的背成为跨越危险水域的桥梁。

小岛平面图，它连接了现有的市民花园及新建博物馆，水淹过了场地

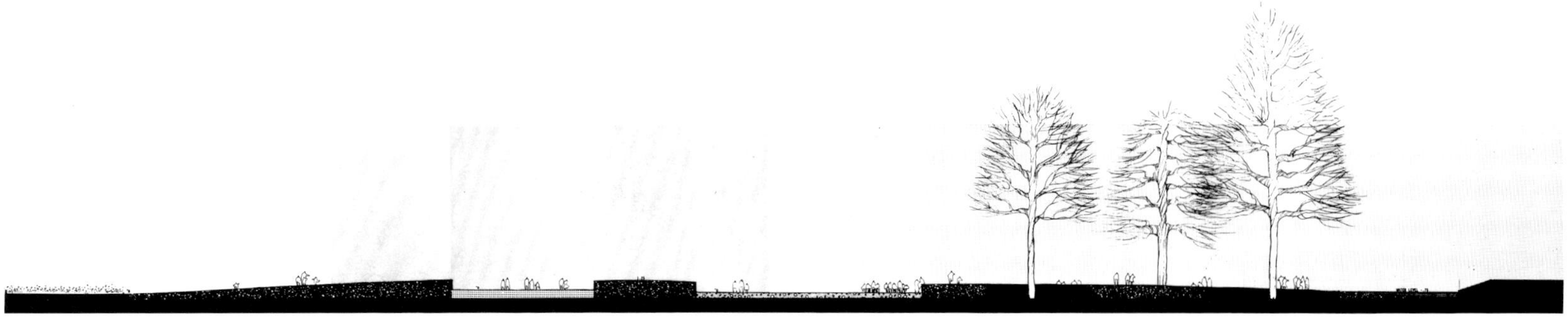

经过小岛的剖面显示了围绕现状树木的井洞

生物圈设计竞赛
Biosphere Competition

地点： *Montreal, Canada*
客户： *City of Montreal*
日期： *1992*
设计组： *Schwartz Smith Meyer*
Ken Smith
David Meyer
Sara Fairchild
Cliff Lowe
建筑师： *Griffiths Rankin Cook Architects*
模型： *Griffiths Rankin Cook Architects*

生物圈计划是玛莎·施瓦兹与加拿大 Griffiths Rankin Cook Architects 共同参与的设计竞赛。

蒙特利尔市想修复由布克明斯特·富勒设计的穹隆——这个 1967 年蒙特利尔商展的美国场馆。20 世纪 70 年代该建筑的丙烯外壳在一场壮烈的大火中烧毁。在 1967 年的场地上只留下了一堆可怕的人工制品，占据了圣劳伦斯海道上的一个小岛。

竞赛规定穹隆的内部要被改造成基于河流和水域主题的生态学博物馆。设计包括了从爱德华王子岛上抢救出来的风车，把它置于河上并把成加仑的圣劳伦斯河水抽到球体顶部。在那儿水流进入参观者可以看到的净化系统，流经一些展示器和水具中，然后汇聚到球底的同心池中。净化后的水汇成细流穿过一个广场，最后又流入圣劳伦斯河。

燃烧的穹隆

模型展示内部的展览空间，同心水圈，以及圣劳伦斯广场

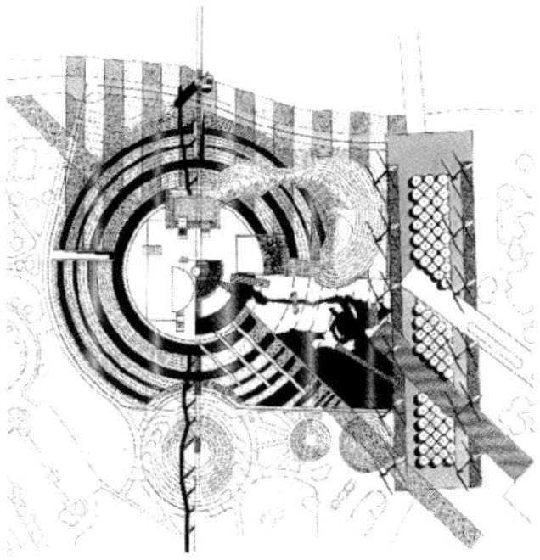

园林平面图

展览区的内部园林平面图

洛杉矶中心
Los Angeles Center

地点:	*Los Angeles, CA*
客户:	*Hillman Properties*
日期:	*1990*
设计组:	*Schwartz Smith Meyer*
	Ken Smith
	David Meyer
	Sara Fairchild
	Kathryn Drinkhouse
建筑师:	*Johnson Fain Pereira*
模型:	*Sara Fairchild*
模型摄影:	*Douglas Symes*

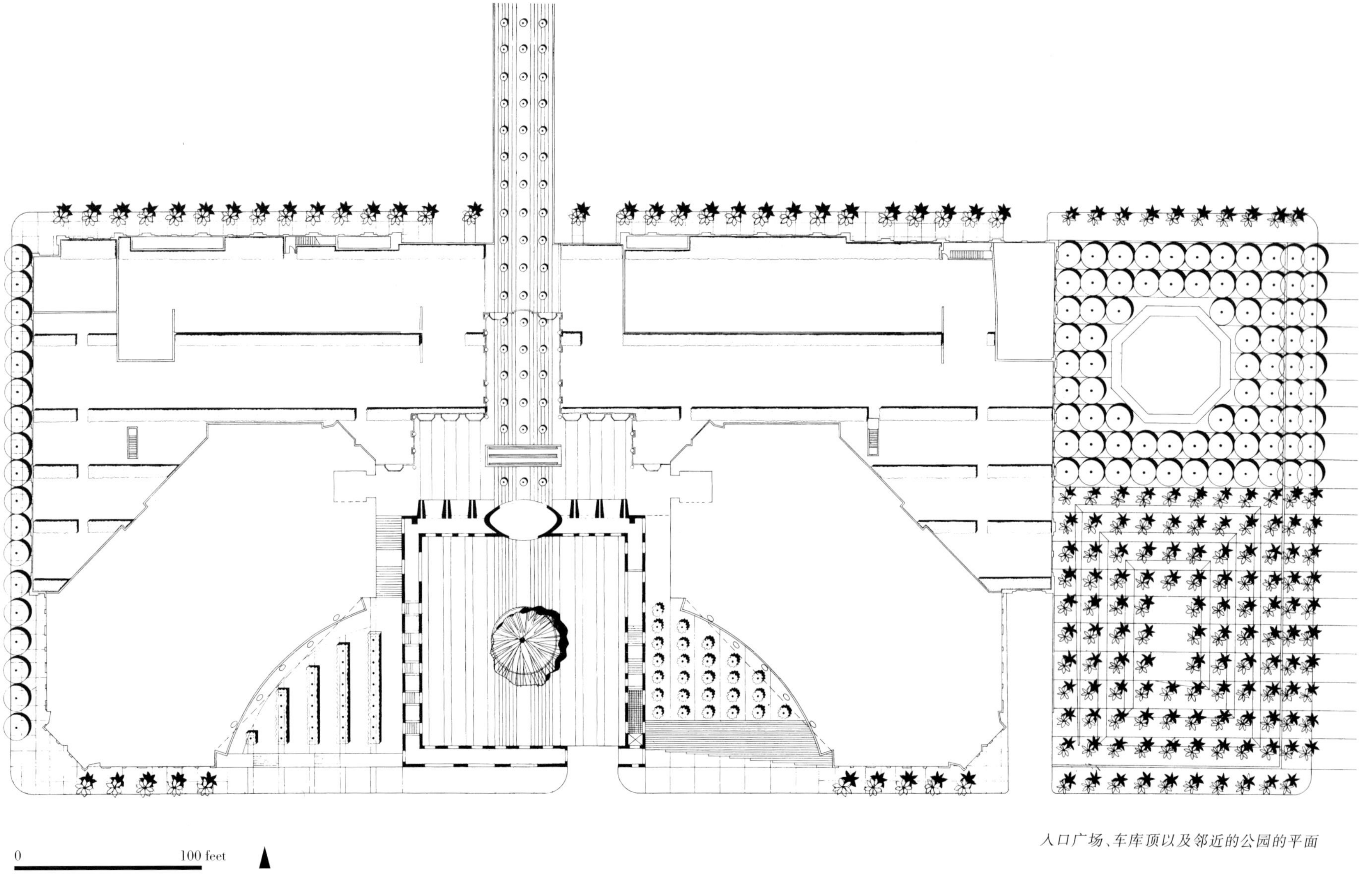

入口广场、车库顶以及邻近的公园的平面

这个园林占据了建筑师 Johnson Fain Pereira 设计的两座 40 层办公塔楼的地平面。位于洛杉矶商业区的这两座塔楼被一座购物和办公综合性建筑连接起来。

场地面临着平整高差的挑战：大楼前面的区域是一个显著的斜坡，要求大楼的门廊设置在 3 个不同的水平面。一个由坡道连接至地下车库的停车场，成为综合大楼的临街景观。

4 面印度砂石墙围成了一个 10 000 平方英尺的巨大的室外空间。这个空间形成了入口庭院，其南北两侧与两座办公楼的入口广场相接。该空间的高差考虑到了综合大楼底层的高度及街面的高差，既能使乘客下车又能让汽车进入车库。第二个同样是砂石围合的更大区域围合了这个停车场空间，解决了庭院和南北广场之间的高差问题。

两面 25 英尺高的同心墙构成了一道 6 英尺宽的城壕般的狭窄空间。从街上的汽车内无论是朝上一系列低矮的窗户中望去，还是从汽车入口处墙上的开口观看，又或是跨越壕沟，走上或走下至邻近广场朝两堵墙中的沼泽“裂缝”观望，都能令人回想起史前的洛杉矶或更新世时的拉·布里亚沥青坑的景观。

内墙对着湿地的一面以烧结的绿色和蓝色玻璃贴面，给沟槽增添了水汪汪的效果。

相对的直径 1/2 英寸的不锈钢管，从每一堵墙上伸出 5 英寸，把水滴入湿地。泉水滴落的声音充满了整个空间。霓虹灯安在玻璃条内照亮了湿地植物。

汽车入口庭院孤植了一棵 60 英尺高的华盛顿蒲葵棕榈。这株棕榈是洛杉矶和洛杉矶中心的象征。为了强调这株植物的重要性，在它周围环绕了一个直径 3 英尺的铅贴面混凝土圆环。

为了保持主要植物品种栽植上的一致，北部广场栽了一丛瓶形棕榈，这种奇特的、雕塑般的植物有助于组织通过台阶上到广场的人行交通。南部广场栽了龙血树，它也被认为生长于更新世时期的洛杉矶。

主入口庭院及砂石墙面围成的广场下客处鸟瞰

由铅贴面的圆环围绕着的孤植棕榈

从街上看砂石墙围成的沟槽庭院

连接广场的台阶横跨壕沟，使行人可见沼地景观

哥伦比亚中心
Columbia Center

地点:	*Chicago, IL*
客户:	*Fifield Development Corporation*
日期:	*1990*
设计组:	*Schwartz Smith Meyer* *Ken Smith* *David Meyer* *Sara Fairchild* *Jeffrey Smith*
建筑师:	*DeStefano/Goetsch, Architects*
模型:	*Ken Smith* *Jeffrey Smith*
模型摄影:	*Ken Smith* *Doug Cogger*

哥伦比亚中心是一个办公综合大楼,位于旅馆和其他芝加哥奥黑尔周围的飞机场外围建筑之间。由芝加哥 DeStefano/Goetsch 建筑师事务所设计的这个中心是一组内向性的建筑物,朝向它们围合成的庭院。除了大楼内的工作人员、邻近自助餐厅的用餐者使用这个庭院外,最重要的是,周围大楼窗户内的办公人员可以俯视到它。

建筑师们要求在设计方案中能使平面低于一层高度,从而能从地下办公室看到庭院景观。施瓦兹的方案是挖去四个方块,在中心留下一个十字形的土坡,而不是考虑挖去整个场地。四分花园是基于一种传统的印度及伊斯兰教观念:四个角隅象征着陆地的四角, 并以红、黄、黑、白四色表现。土坡顶上蓝色大理石浅池和水代表生命,并使整个项目形成一体。由于 1992 年工商业不景气该工程半途而废。

花园平面图象征着世界四角,"水"使四角相互联系

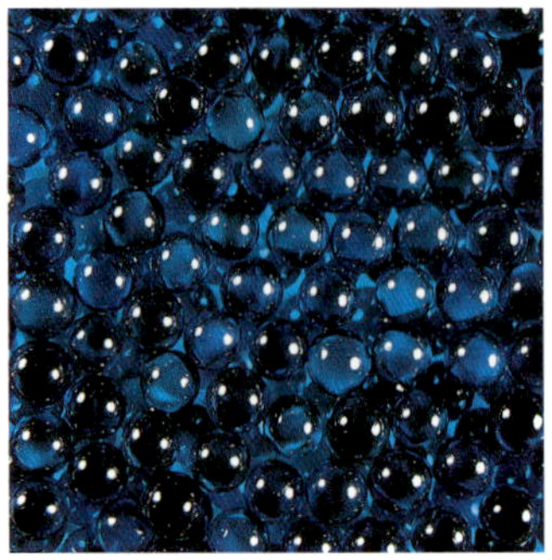

蓝色大理石象征常年不断的 "水元素"

白色花园包含纸皮桦和石灰石

黑色花园由无烟煤、沥青等组成

黄色花园由黄色砂石、黄枝山茱萸和鸟儿浴池组成

红色花园由红色花岗岩、白桦和紫叶李组成

莫斯考恩中心设计竞赛
Moscone Center Competition

地点： *San Francisco, CA*
客户： *San Francisco Arts Commission*
日期： *1990 (placed second)*
艺术家： *Martha Schwartz*
设计组： *Ken Smith*
David Meyer
Sara Fairchild
模型： *Ken Smith*
Sara Fairchild

霍华德大街曾经是旧金山的货栈区，向西通向莫斯考恩会议中心，向东通向姜味草中心——一个由花园、戏院及博物馆组成的文化综合建筑。莫斯考恩中心的新增建筑构成了姜味草中心最西的边线。250英尺见方的霍华德大街广场把会议中心和它的附属建筑物及邻近的文化综合楼联系了起来。设计通过可识别的“欢迎”强调了场地的综合性从而把广场周围分散的建筑元素统一了起来。

广场的形象借鉴了美国缝被子传统，隐喻把分散的部分“缝在一起”，产生某种永恒美丽、有价值的东西。被子广场也代表了旧金山各种不同的邻里、人群和文化的杂合。预制的彩色混凝土在浇铸中用有图案的模子印好。“被子”使仍可在姜味草中心和莫斯考恩中心之间通车的大街充满生气。模仿石头或精美铺装的混凝土材料用于此是因为它是一种既便宜又有魅力的材料。被面上的黄色斑马线引导了过马路的步行交通。

莫斯考恩中心前的现状场地

俯瞰“疯狂被子”广场以及彩色的人行横道

压制成的彩色混凝土形成被子的拼块

福冈国际公寓
Fukuoka International Housing

地点： *Fukuoka, Japan*
客户： *Fukuoka Jisho Company, Ltd.*
日期： *1990 (partial completion)*

设计组： *Schwartz Smith Meyer*
Ken Smith
David Meyer
Kathryn Drinkhouse
Scott Summers
Verda Alexander
建筑师： *Mark Mack*
摄影： *Richard Barnes*
Martha Schwartz

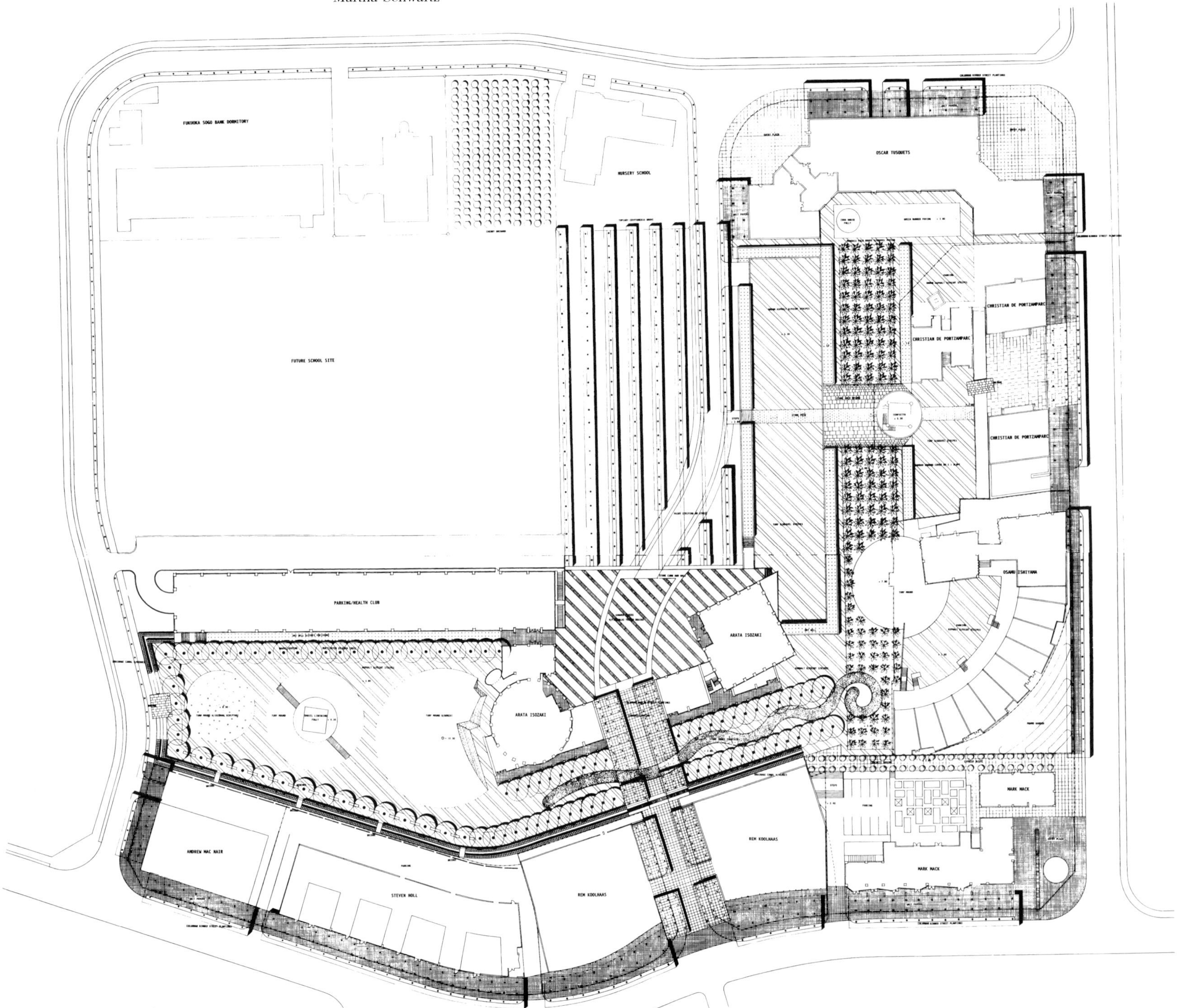

0 40 meters

总平面图

20世纪80年代中期8位受人尊敬的建筑师在日本南部的福冈展示了他们的作品。矶崎新(Arata Isosaki),麦克(Mark Mack),麦克耐(Andrew MacNair),库哈斯(Rem Koolhaas),霍尔(Steven Holl),石山(Osamu Ishiyama),塔斯奎兹(Oscar Tusquets)和包赞巴克(Christian de Portzamparc)参与了住宅塔楼及公寓楼的设计。同时也包括哈迪德(Zaha Hadid)和列别斯金(Daniel Liebeskind)的小品建筑以及西扎(Alvaro Siza)设计的小学。施瓦兹受邀建造一个公园,将11位建筑师设计的不同风格的建筑统一起来,同时也给予22 000平方米综合建筑物某种值得纪念的共同特征。

"静物画中物品下面的桌布"暗示了连续不断的、有图案的诸如草地、砾石、沥青等不同材质的场地。由于建筑周围的空间似乎是剩余的,施瓦兹设法用一系列醒目的园林形式使这些剩余空间连成一体。在库哈斯及霍尔设计的大楼所限定的空间里,三个覆盖草坪大小分级的半球从地面突起,使人想起坟包。施瓦兹在处理这个项目时更像是在综合建筑用地上探索填筑垃圾的方法:"我想表明的事实是——福冈建在人造场地上,它包含着人们生活的碎屑和来自别处的物质。"塔斯奎兹和包赞巴克所建大楼后面的棕榈林被用来当作相当复杂的建筑正立面的简单背景。棕榈园产生了公共的户外空间并提供了宝贵的树阴。日本人起初反对棕榈园,因为他们把它们和海滩、度假及娱乐联系在一起。施瓦兹的观点是即使是家也可以是充满乐趣的。

麦克的建筑在某个主入口处占了一角。场地包括了一个半地下停车建筑顶上的屋顶花园和麦克所建塔楼底部的广场。一个覆有瓷砖的圆形地球造型从平坦的广场表面突起,暗示从大地上出现了人造物体。薄雾从网格状的裂缝中升起,仿佛大地正经历着化学变化并排出气体。在屋顶平台,设计了一系列水泥盒子,供居民种蔬菜或花卉。

薄雾从网格状"裂缝"喷泉中溢出

贴有卡瓦拉瓷砖的半球占据了角落场地

隆起的泥床为房客提供菜园

车库顶上的菜园平面

迪肯森住宅
Dickenson Residence

地点: *Santa Fe, NM*
客户: *Nancy Dickenson*
日期: *1991–1992*
设计组: *Schwartz Smith Meyer*
David Meyer
Sara Fairchild
Ken Smith
建筑师: *Steven Jacobson*
摄影: *Martha Schwartz*

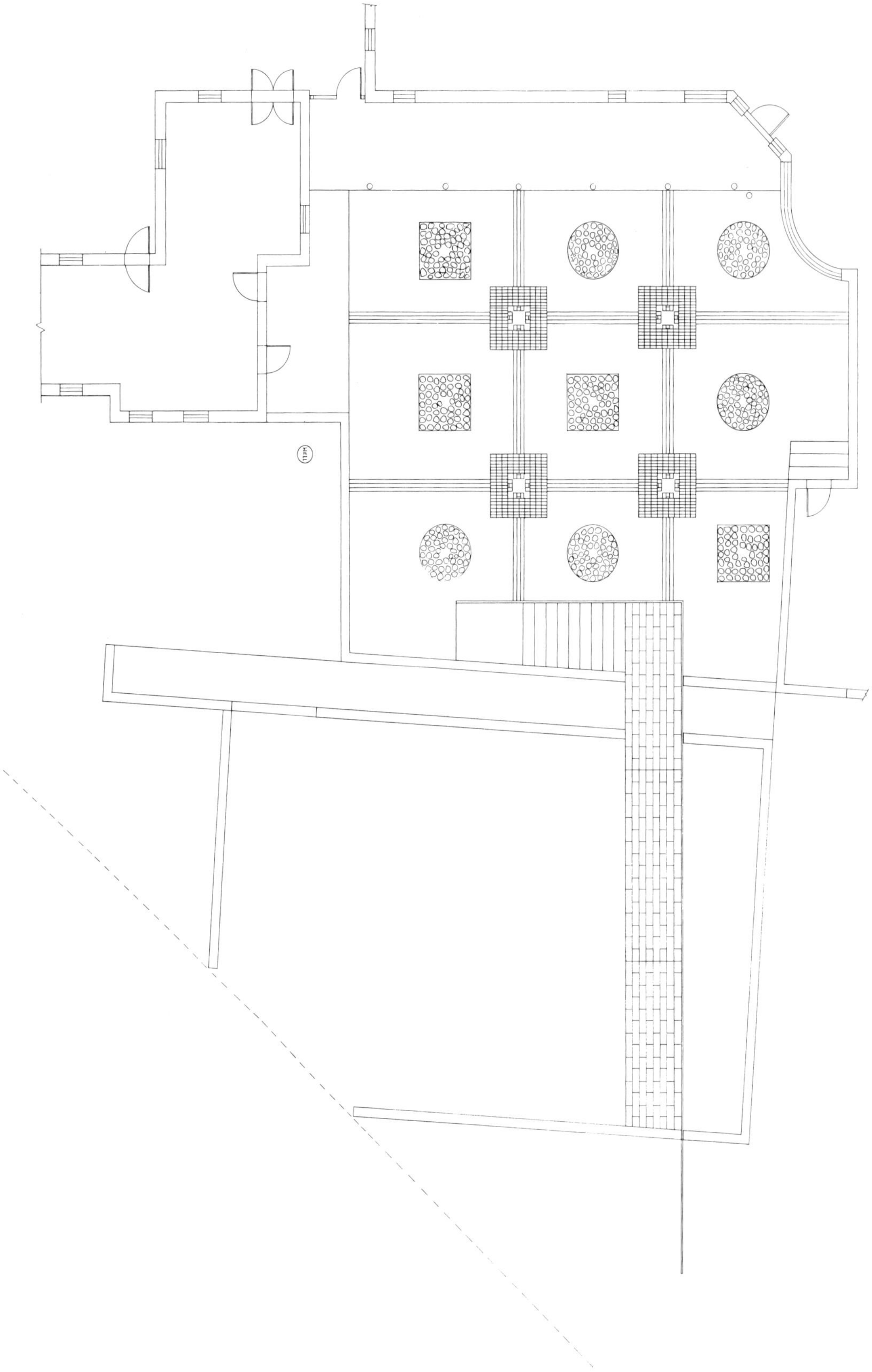

停车场及入口庭院平面图

0 20 feet

南希·迪肯森是个民间艺术收藏家，他的砖坯房位于圣达菲(Santa Fe)北部20英亩的台地园林上。在考察中施瓦兹发现，现有的参观路线迫使参观者必须先穿过一个车库、杂物间、私人书房和厨房，然后才能抵达入口和朝向圣格里德基督山（Sangre de Christo Mountain）的起居室，在那儿能望见山上的景色。设计中加入了一系列园林空间，用以增强亲切感，产生从外部世界进入内部圣所的行进序列。

施瓦兹的方案反对圣达菲风格砖坯房的普通的有机形式。因此她加入了一系列具有几何形体的建筑元素，同时她也把一种方位感带进了现状平面。然而，要把现有的裸土、刺柏及松树景观变成一个花园似乎不大可能，于是她就用墙将所有新栽植物和建筑圈起来。

参观者到达停车场，然后行至一下沉庭院，在那儿排成网格的喷泉和细流圈起9株正在开花的苹果树。树下白色大理石块代表了夸张的砂砾。4个方形砖砌喷泉顺着鲜艳的可增强水声的金属板排列。相对的，水池区则较空旷，上有平台可观风景。平台用亚利桑那州沙石建成，在那儿人们的目光可直接触及山丘。主人的卧室外面，一个绿色屋顶平台也朝向景观。

从水池区看山丘

新库房顶部提供了将草地作为主卧室的延伸的机会

4个砖砌喷泉组成了庭院

贴瓷砖的排水沟将水送入井中

彩色不锈钢套管射出彩光

有灯光的台阶引导从停车场下至入口下沉庭院

城堡
The Citadel

地点: *Commerce, CA*
客户: *Trammell Crow Company*
日期: *1991*
设计组: *Schwartz Smith Meyer*
Ken Smith
David Meyer
Sara Fairchild
Kathryn Drinkhouse
建筑师: *The Nadel Partnership*
Sussman Prejza
摄影: *Marc Treib*
Jay Venezia
Martha Schwartz
David Meyer

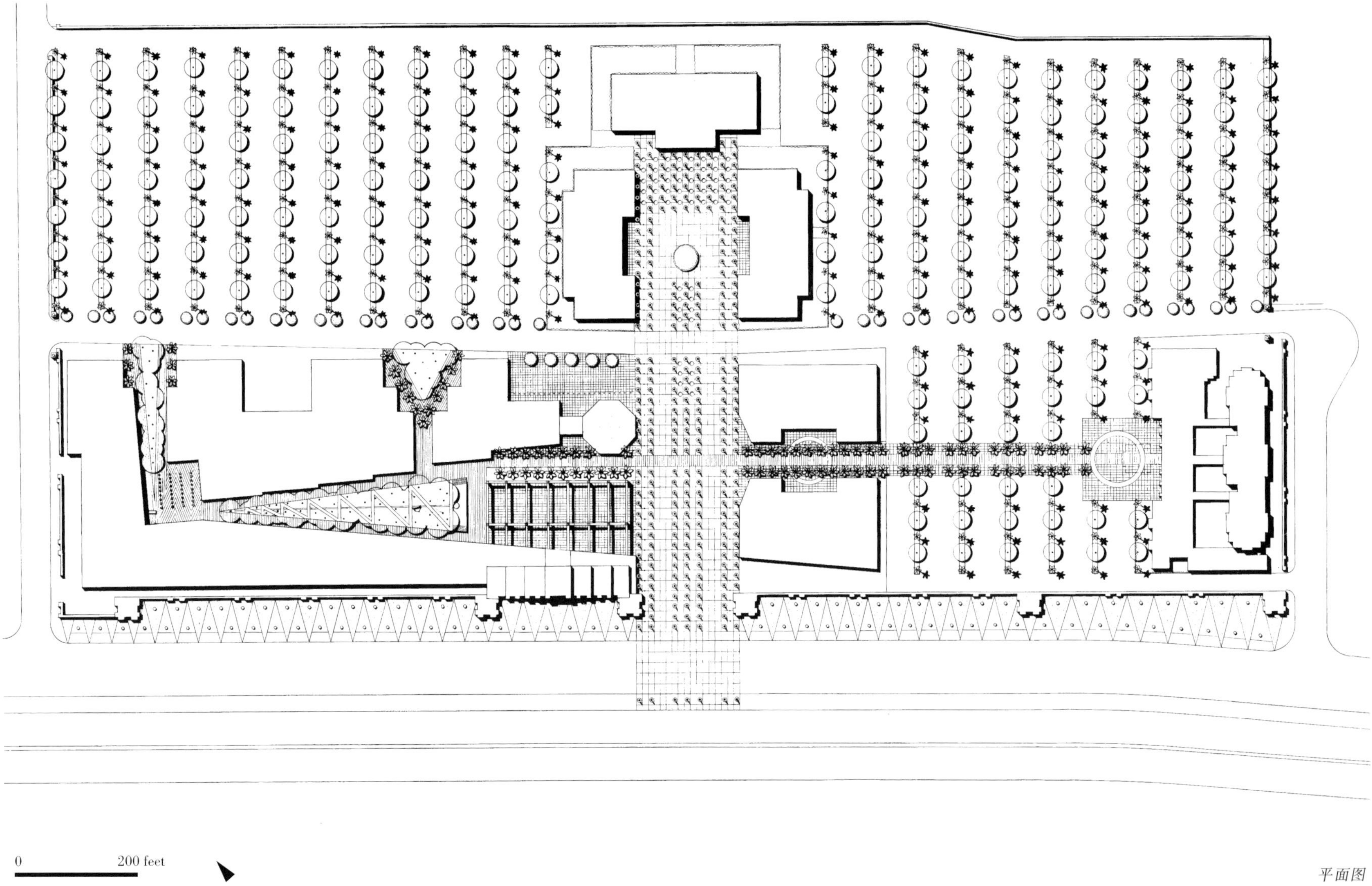

平面图

施瓦兹对这个35英亩的加利福尼亚考梅斯的地块进行了总体规划。它曾是二氯萘酯轮胎公司和建于1929年的中东风格橡胶公司工厂所在地。开发者保留了工厂外部亚述神庙风格的前墙，拆除了其余部分以便为4座办公大楼、一个零售商场和旅馆腾出地方。在这样的综合开发中，通常的明智之举要求大楼围绕停车场等距排列，但施瓦兹对这一规定不予理睬，她使建筑物围绕一中心广场排列。她也勇敢地切掉150英尺长的一段墙体，形成一个穿过综合大楼的宽广的空间，使汽车能直接开到它东头的两个停车场。

150英尺×700英尺的海枣绿洲限定了广场空间："这个想法是试图创建一条宽阔的绿阴主干道，使之成为每个人的前院，"施瓦兹解释道。被她称为"轮胎精灵"的轮胎状圆环——环绕着海枣。午餐时圆环被当作坐位，也使树木免受汽车撞击。尽管施瓦兹为步行者及汽车设计了这一甬道，但很明显主要为了前者。避开了诸如道牙、排水沟之类的传统道路元素，她把水泥轮胎排成列来指引交通，允许行人自由穿过广场。

曾经被二氯萘酯轮胎公司占有的场地现状

现存的二氯萘酯轮胎公司办公大楼

被水泥轮胎环绕的海枣组成的林阴大道

由单个水泥铺装块铺成的地面

水泥轮胎使人想起轮胎曾在此地制造

主林阴道允许汽车通过，但首要的是为行人提供了广场

水泥轮胎被用作坐位，因此人们可以从邻近餐馆出来坐憩、享用食物

史努比花园
Snoopy's Garden

地点: *Ito, Japan*
客户: *Landor Associates*
日期: *1991*
设计组: *Schwartz Smith Meyer*
Ken Smith
David Meyer
建筑师: *Kobe/Ou Design*
电脑绘图: *France Israel-View by View*

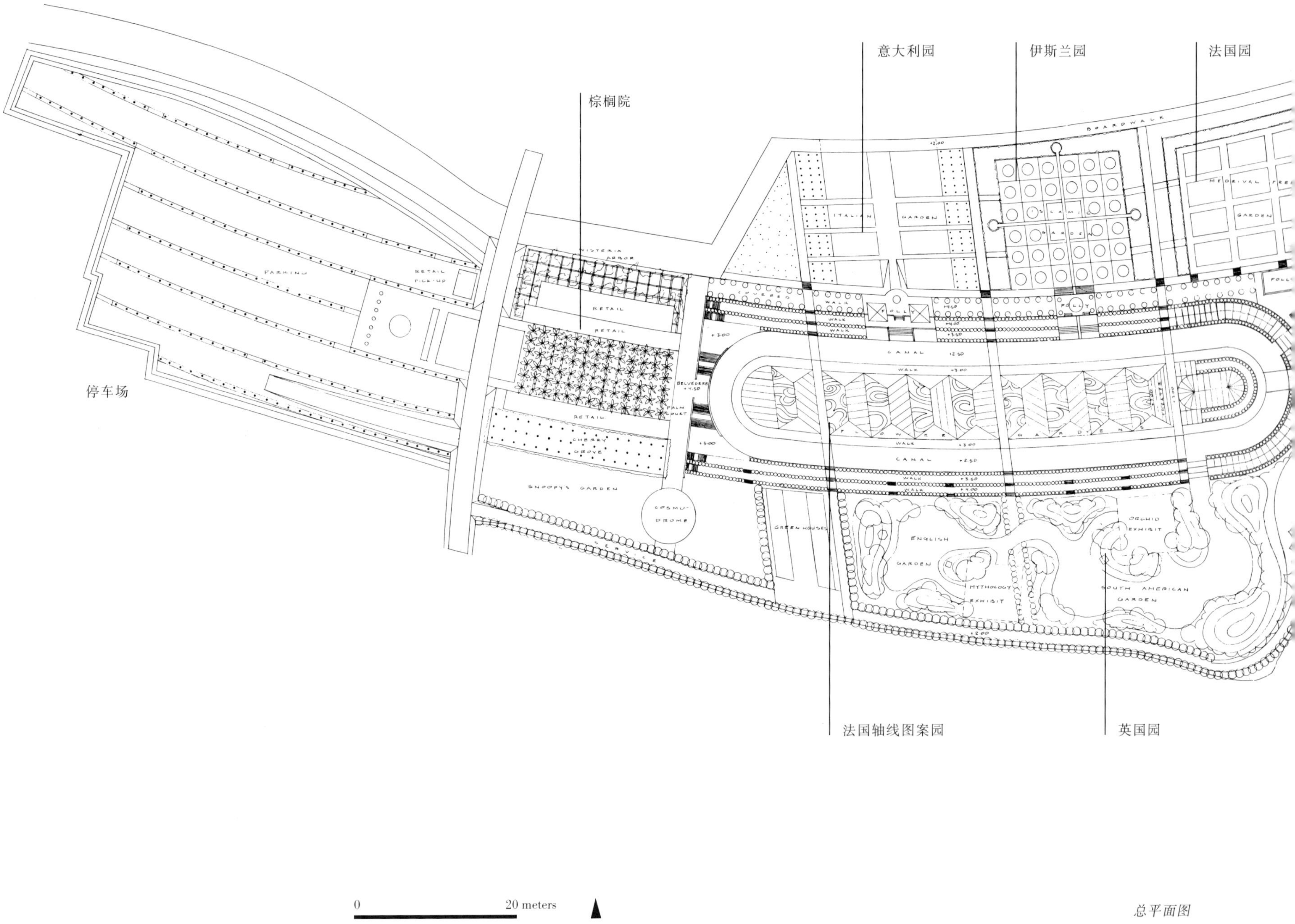

总平面图

业主是位成功的切花商，在东京往北一小时车程的伊东拥有40英亩土地。他希望在那里建一座主题园展示世界各国庭院，同时也可展示他的切花。除各种花园外，项目还包括了出租大楼旁的一块很大的停车场、餐馆、会议室，以及有一个圆形剧场的户外娱乐区。

施瓦兹为一座即将用作博物馆的综合楼设计了平面。为产生一种强烈的方向性和组织感，设计组提议运用法国文艺复兴风格的轴线作为主干道和集会场所。远离这根东西走向的轴线，纵向排列着各种不同的空间，包含伊斯兰园、意大利园、法国园、中国园和英国园。

这根轴线上布置了一条水渠，两侧则是园路。沿轴线而下是一系列陡然升至15英尺的设计地形。这些位于轴线两侧的层叠地形上种植了巴洛克式或极简主义式的绿篱、花坛。它们倾斜一定的角度使参观者更易赏花，就像杂货店的水果和蔬菜摊一样。

围绕低地栽种着装饰草坪。由于主人被获准可以用史努比图案代言他的切花形象，因此在这块平整的装饰草坪中画上了一个极大的史努比图案。

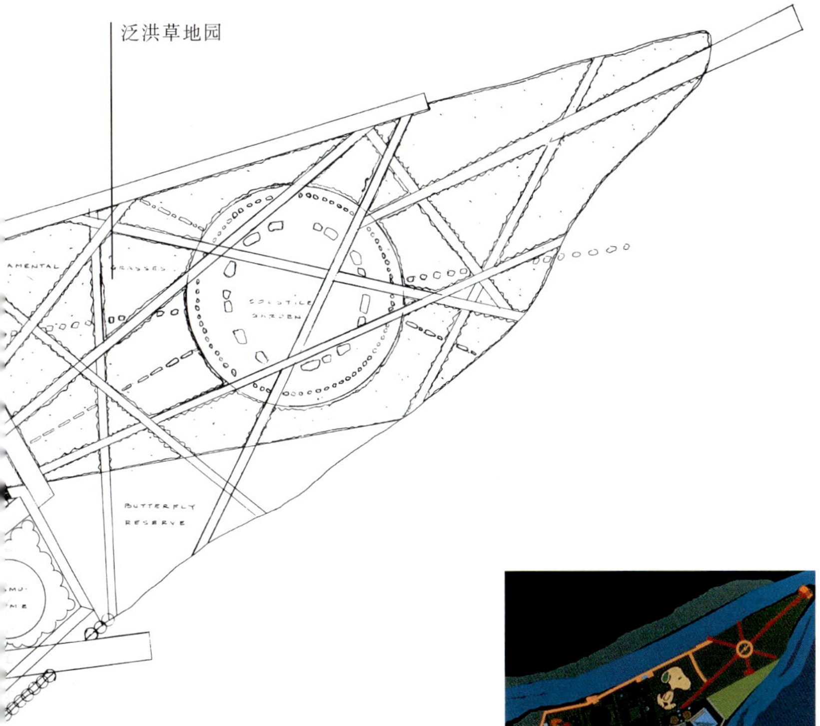

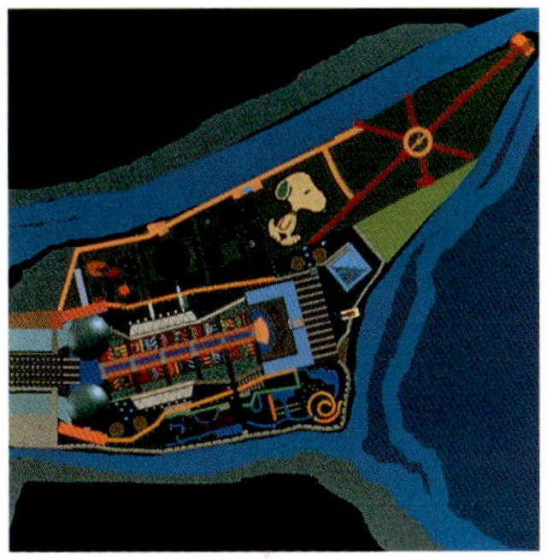
场地平面图

折叠形丘体增强了法国轴线

游船驶经英国花园

折叠形土丘上的巴洛克花园

折叠形土丘上的极简风格花园俯瞰

从停车区穿过公路至棕榈园鸟瞰

沿中心水渠看展览及礼堂建筑

住房及城市发展部广场改造
HUD Plaza Improvements

地点：*Washington, D.C.*
客户：*General Services Administration and Department of Housing and Urban Development*
日期：*1996–1997*

设计组：*Martha Schwartz, Inc.*
Evelyn Bergaila
Paula Meijerink
Chris Macfarlane
Michael Blier
Kevin Conger
Sara Fairchild
Scott Wunderle
Kaki Martin
David Bartsch
Rick Casteel

建筑师：*Architrave, P.C.*
电脑绘图：*Rick Casteel*

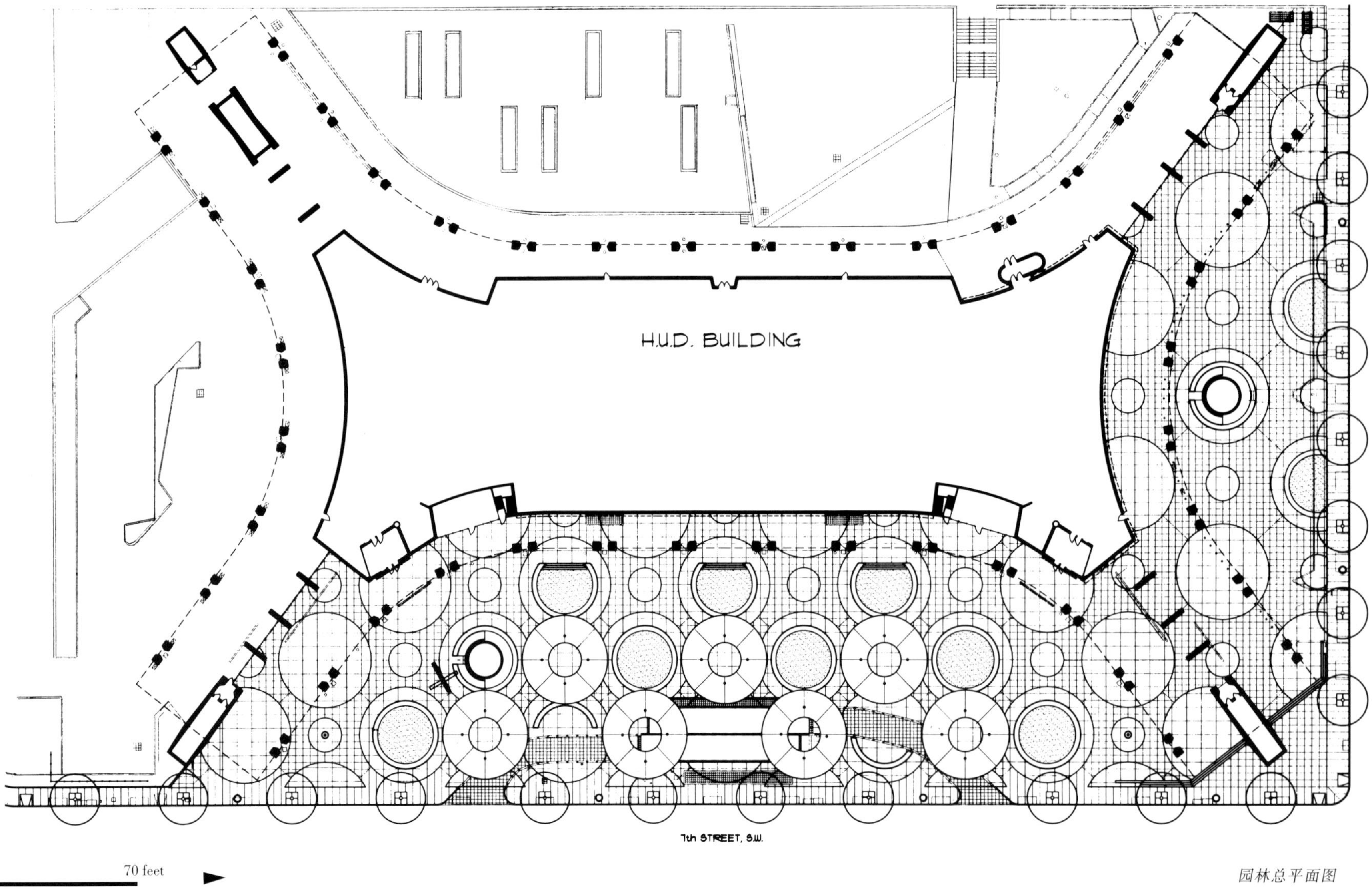

园林总平面图

建于1968年出自建筑师马塞尔·布劳耶之手的华盛顿特区住房及城市发展部(HUD)大楼虽然立面丰富,但它的6英亩广场显然是一个现代主义者手下的牺牲品。设计突出展示了建筑本身而忽略树木或公众生活福利设施,因此对于该部门的员工来说,这个建筑实际是不适用的。除了这幢孤立的大楼之外,大楼底部的黑石墙面隔断了楼内外生物的视觉联系。施瓦兹受委托对这个广场进行重新设计以达到该机构的委托任务——为人们创造可居住的空间。

她的方案是用红色、黄色和亮蓝色来重复圆形主题,令人联想起布劳耶在设计幕墙、天花板时采用的色调和几何形式。广场通过图案化的平面造型而得到改观,如一系列种上草坪的混凝土种植坛和色彩醒目的圆环状顶棚。直径30英尺的种植坛又可当坐凳;涂了乙烯基的塑料顶棚用钢管支撑, 高18英尺。同沉重而阴暗的建筑相比,顶棚和种植坛像是漂浮着的。由于广场当初并没有设计树穴,顶棚也为广场提供了遮荫。

顶棚从内部发光,在晚上奕奕生辉,使人想起日本花园中照亮小径的灯笼。种植坛下方光纤管投射的彩灯,使它们看上去像漂浮在光的云上。

在大楼的墙上,一幅背后照明的照片壁画反映了人们和HUD的形象,为广场创造了戏剧性的背景。

18英寸高的种植坛看起来像漂浮在广场上

种植坛的水泥边沿提供了坐位

顶棚提供了庇护感并阻挡了上方办公人员的注视

半透明的乙烯基顶棚在晚上奕奕生辉

不锈钢柱支撑的顶棚悬浮于广场表面

戴维斯住宅
Davis Residence

地点:	*El Paso, TX*
客户:	*Sam and Anne Davis*
日期:	*1996*
设计组:	*Martha Schwartz, Inc.*
	Michael Blier
	Sara Fairchild
	Kevin Conger
	Paula Meijerink
电脑绘图:	*Rick Casteel*

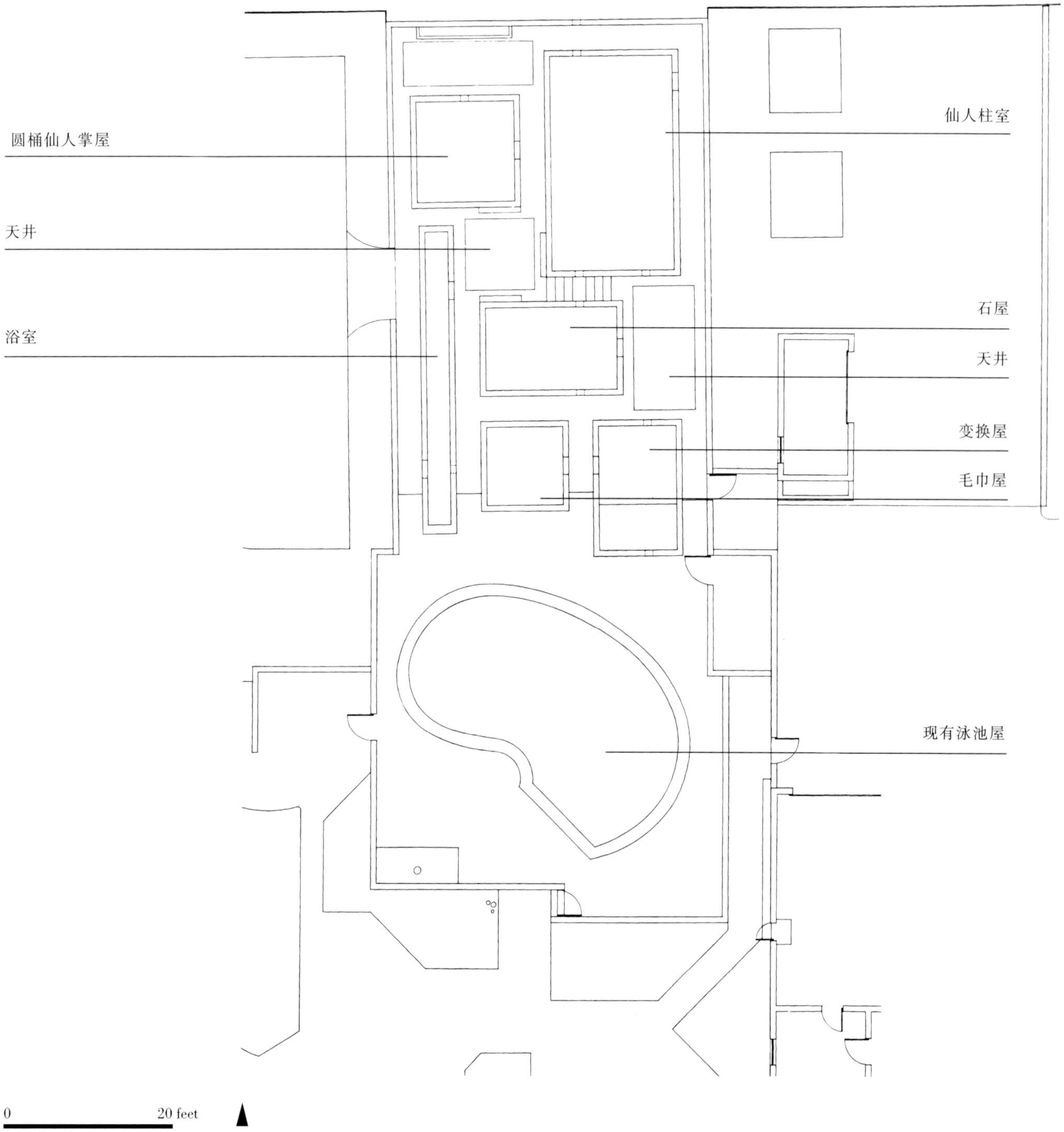

园艺家安妮·戴维斯(Anne Davis)在德克萨斯州埃尔帕索城的一个严酷荒凉环境中,建起了一片英国花园式的绿洲。在其地产上,她给施瓦兹提供了一个37英尺×60英尺的围合空间,任这位园林师在其中随心所欲地设计。然而,安妮·戴维斯希望建成一座墨西哥风格的庭院,并且要求低维护。"我喜欢用某一特定风格来造园的挑战,并把任务看做是在英国庭院中建造一个小品。"施瓦兹解释道。因为它是被围合的,所以这样的小品是相对独立的,它可以不管墙外发生的一切。她的设计包含了一系列花园中的花园,就像是一间屋子一样。不同的仙人掌植物栽植于不同的空间,而这些空间的内外界限是模糊的,一个空间的外部又构成了另一空间的内部。毛粉墙被交替地涂上了亮色和暗色。

庭院俯瞰图示意了墙内6个盒子状"房间"的空间关系

"浴室"和"石屋"间的走廊

镜面对称的"变换屋"内部

"仙人柱室"

玻璃块标志着"浴室"墙面顶部

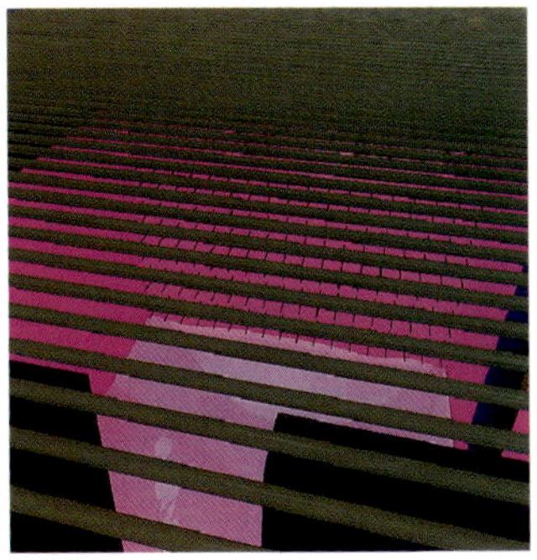
经格子棚看有带钉墙壁的"泳池屋"

雅各布·贾维茨广场
Jacob Javits Plaza

地点: *New York, NY*
客户: *U.S. General Services Administration, HUD*
日期: *1996–1997(completion)*
设计组: *Martha Schwartz, Inc.*
Laura Rutledge
Maria Bellalta
Chris Macfarlane
Michael Blier
Leo Jew
电脑绘图: *Rick Casteel*

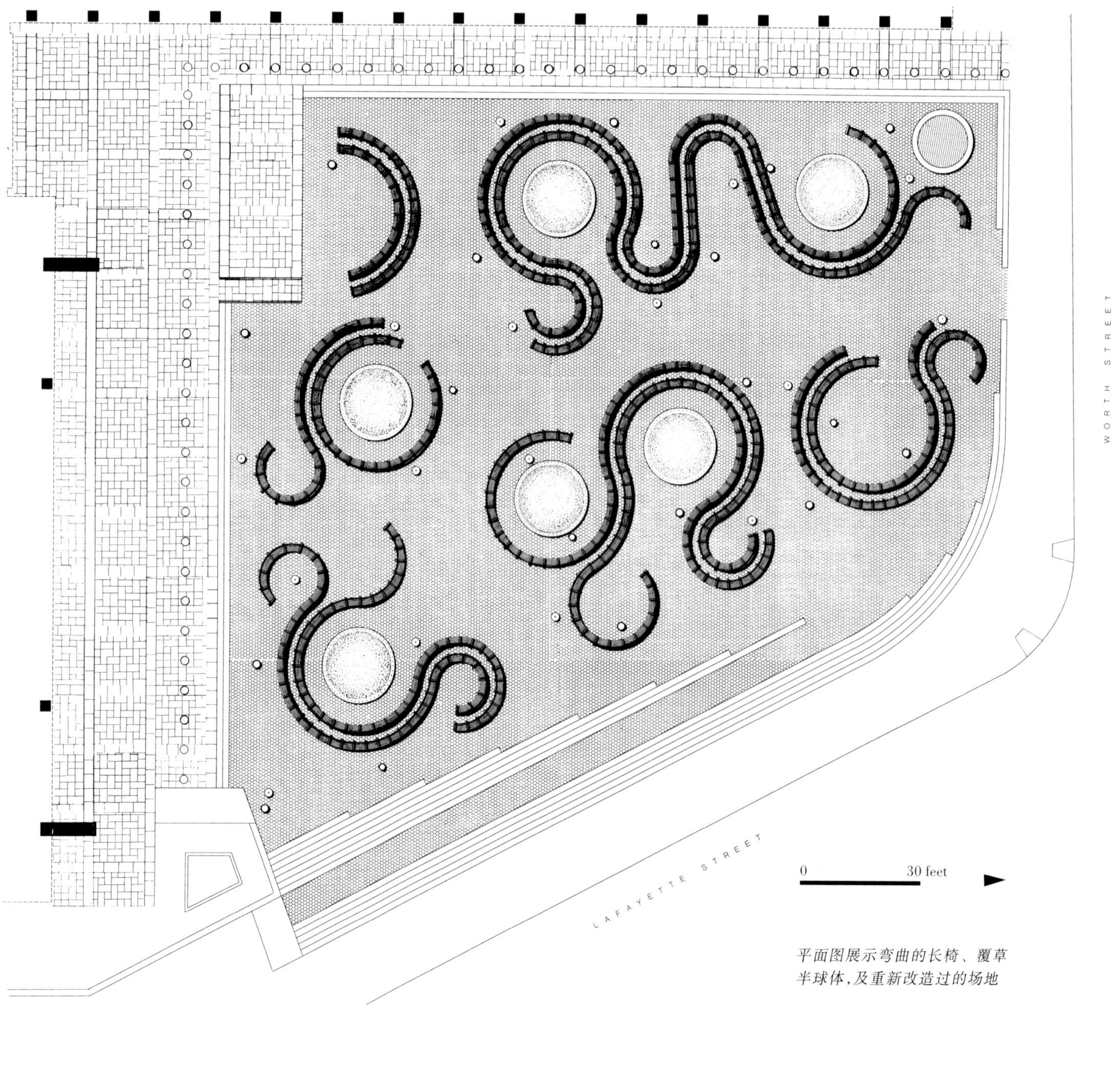

平面图展示弯曲的长椅、覆草半球体,及重新改造过的场地

雅各布·贾维茨广场，环绕着曼哈顿的一座1967年所建联邦办公塔楼，它也是理查德·赛拉那有争议的“倾斜的弧”的旧址。那座14英尺高的雕塑阻隔了广场并干扰了人流，几年来，塞拉顶着不断增长的公众压力努力使雕塑不被移走。1987年，这位艺术家在与美国总务管理局(GSA)的法律诉讼中失败。后者发起了此项目，拆除了雕塑。“倾斜的弧”的移除，在广场留下了一个大洞，也破坏了艺术家与总务管理局之间的相互信任。

因为广场是在曼哈顿的市政中心，因此平日午餐时间它是最热闹的。在雕塑被移除之后，联邦办公大楼的工作人员在广场上摆上了临时的长椅和种植坛。不过，出现了同塞拉的雕塑类似的反应：不同的高差使广场同拉斐特大街相割断，种植坛与喷泉又使它同沃斯大街相分离。大楼验证了流行的现代主义者场地设计的至理名言：把一座塔楼放在一个毫无个性的广场上。由于树木被看成是会阻碍建筑景观的竞争形式，因此广场设计中并未采用它们。

施瓦兹通过移除场地西北和东南角的大型种植坛，使广场与城市的方格网重新建立了联系。她还从最北角移走了干涸的喷泉，开放了仅有的阳光地带供人们坐憩。

出于安全与通行的考虑,广场要求保持平坦的表面，施瓦兹用复杂的形式和颜色使广场活跃了起来，比较接近于法国人用修剪的树篱、草、砂砾，活跃了一个简单的平面。法国模纹花坛是活跃平坦的开放空间的惯用形式。修剪的灌木频繁地被用来强调这种形式，而它们的边沿为树木和建筑物所限定。贾维茨广场中的“绿篱”是纽约市公园长椅形成的弯曲线条。背靠背的长椅来回盘绕，形成了各种坐位形式——亲切的圆形供一群人座谈，而平坦的反曲线则是留给那些想独进午餐者的。

长椅盘绕着热天散出水雾的“修剪过的”6英尺高绿色半球。广场上也可见到人们熟悉的蓝色瓷釉自动饮水机、中央公园路灯和桔色线网垃圾桶。这些元素成了纽约园林艺术的批判实例。甚至对于纽约这样的地方来说，奥姆斯特德的思想都是一种难以驱除的强大力量。尽管这座城市仍然是大部分艺术形式的发祥地，园林方面的探索却很少得到支持。贾维茨广场因此成为一座需要重新认识的公园，对于纽约人来说它是有历史意义的并且是可接受的，但它的常见的元素已都变得有点儿疯狂。

“倾斜的弧”移除后的现状

巴洛克花坛成了设计的模式

标准纽约公园长椅以双边曲线排列

长椅的连续扭曲和蜿蜒提供了多种坐法

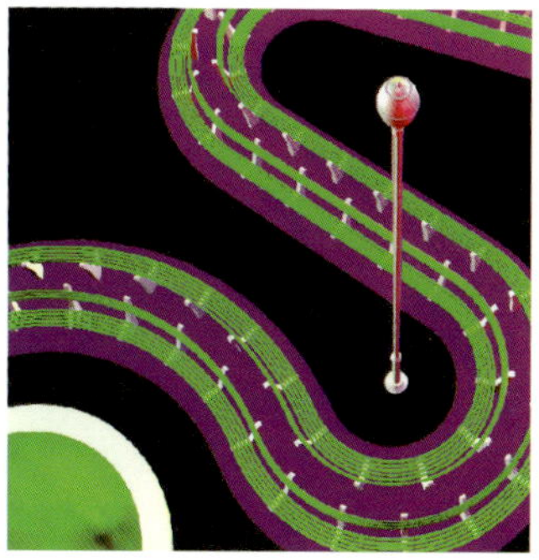

双边长椅平面图展示了具有超长灯柱的标准橡果造型灯

1994 年世界杯环境设计
World Cup 1994

地点: *12 Sites in the U.S.*
客户: *World Cup USA*
日期: *Summer 1994*
设计组: *Martha Schwartz, Inc.*
Maria Bellalta
Leo Jew
摄影: *Maria Bellalta*

当时,世界杯足球赛即将在美国 12 个不同的城市开赛。为此,组成了一个包括图形设计师和广告顾问等在内的设计组。作为设计小组的一名成员施瓦兹被委托为场地设计一个形象使这类临时景观能适用于不同的体育馆场地。她的设计由一系列易拆除的、可再利用的元素组成,对场地也不会造成永久影响。

由图形师 Cliff Selbert 的设计深化而来的世界杯图案,成为景观的基础。项目要求安排坐位,布置一条清晰且醒目的从停车场通向体育馆的道路以及一条标记了租让场地的道路。施瓦兹设计了两种类似的图案用于体育馆外的大块沥青地面。一种是棋盘格式的另一种是波状条纹式的,它们指明了入口区或通道。由织物构成的拉长金字塔形的“树木帐篷”排成了“小树林”。它们的不同组合可以用作许多功能,或是标记通向停车场的人行道,或是表示租让看台的范围。一组“波齿状”长椅由玻璃纤维制成,并用人造草皮装饰,代表了某些比赛图标的立体形象。

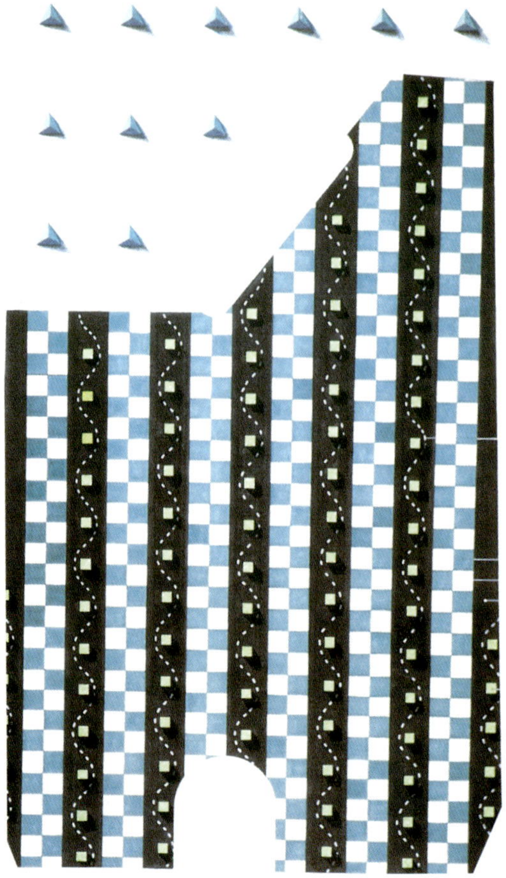

图案一:用彩色沥青画成的棋盘图案,“树木帐篷”以及人造草皮方凳

图案二:用沥青绘成的波浪图形,“树木帐篷”以及波齿状长椅

彩色的棋盘和沥青广场

“树木帐篷”可以很容易地排成树丛和小径,增强道路的可识别性

波状长椅覆盖着人造草皮

里特曼家的婚礼
The Littman Wedding

地点：	*Deal, NJ*
客户：	*Barbara and Leonard Littman*
日期：	*September 17, 1995*
设计组：	*Martha Schwartz, Inc.* *Kevin Conger* *Kaki Martin* *Paula Meijerink* *Michael Blier*
摄影：	*Michael Blier*

里特曼家拆除了新泽西海滨戴尔的1/3英亩住所,代之以施瓦兹设计的新庭园。由于住所正处于改造阶段,得以使设计组能很自由地为里特曼家儿子的结婚典礼建造一个临时花园。“我们可以给草坪或水泥涂上画,反正建造新庭园时会把它们毁掉。”施瓦兹解释道。

既然新郎新娘都爱园艺,“花园”就成了婚礼的主题。设计了一组事件空间,用以配合婚礼的系列计划。

A.长长的站有俊男的人行道

60棵8英尺高的侧柏成两行栽植于人造草坪步道两旁,步道则沿着一条150英尺长的砾石车道,从内部漆上蓝色的空花盆场地穿过,构成了通向庆典帐篷的入口,并指向远处的大海景观。

B.庆典

在一简单的白色帐篷中,典礼以海洋为背景举行。蜡烛和插在花瓶中的鲜花环绕着新娘新郎。

C.接待

现有的水池区地面随意涂上了黄环图案,并与天井、草地交叠。

D.宴会

场地上搭起了一座50英尺×100英尺的白色帐篷,下面铺白桌布的桌子成列摆放,如同勃鲁盖尔绘画中的场景一般。盆栽橘子树在桌子中心成行排列,它们的枝叶在视线高处被修剪成球形,阻挡了客人一进门的视线。就座时,客人能容易地环顾整个空间,并感受到头上树阴的包围。每一棵树根部都裸露,栽在干净的、直径12英寸的压克力圆筒中,从桌中央向下排开。

E.向日葵林

设计了一个散步园作为过渡空间,使客人能在各种仪式之间穿行。现有的沙砾、水泥和草坪地面漆上了40平方英尺的紫色油漆。成束的5英尺高向日葵固定在花盆中,以网格状摆放于紫红色草坪上。

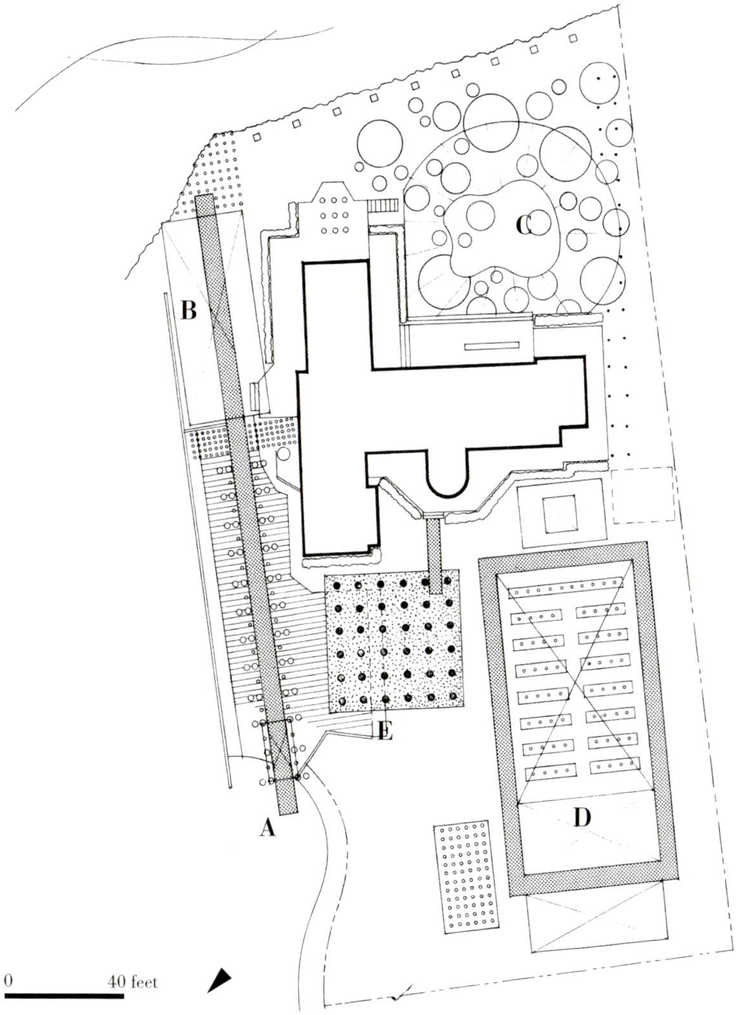

人造草坪步道引导新郎新娘穿过蓝色内面花盆场地

池子周围的水泥地面漆上了黄色圆形

橘树丛坐落于草地地毯上

放在花盆里的向日葵排成网格位于紫红色草坪上

联邦法院广场
Federal Courthouse Plaza

地点:	*Minneapolis, MN*
客户:	*U.S. General Services Administration*
建筑师:	*Kohn Pedersen Fox Associates Architects*
日期:	*1998 completion*
设计组:	*Martha Schwartz, Inc. Paula Meijerink Chris Macfarlane Laura Rutledge Maria Bellalta Leo Jew*
模型:	*Maria Bellalta Leo Jew*
模型摄影:	*Maria Bellalta*

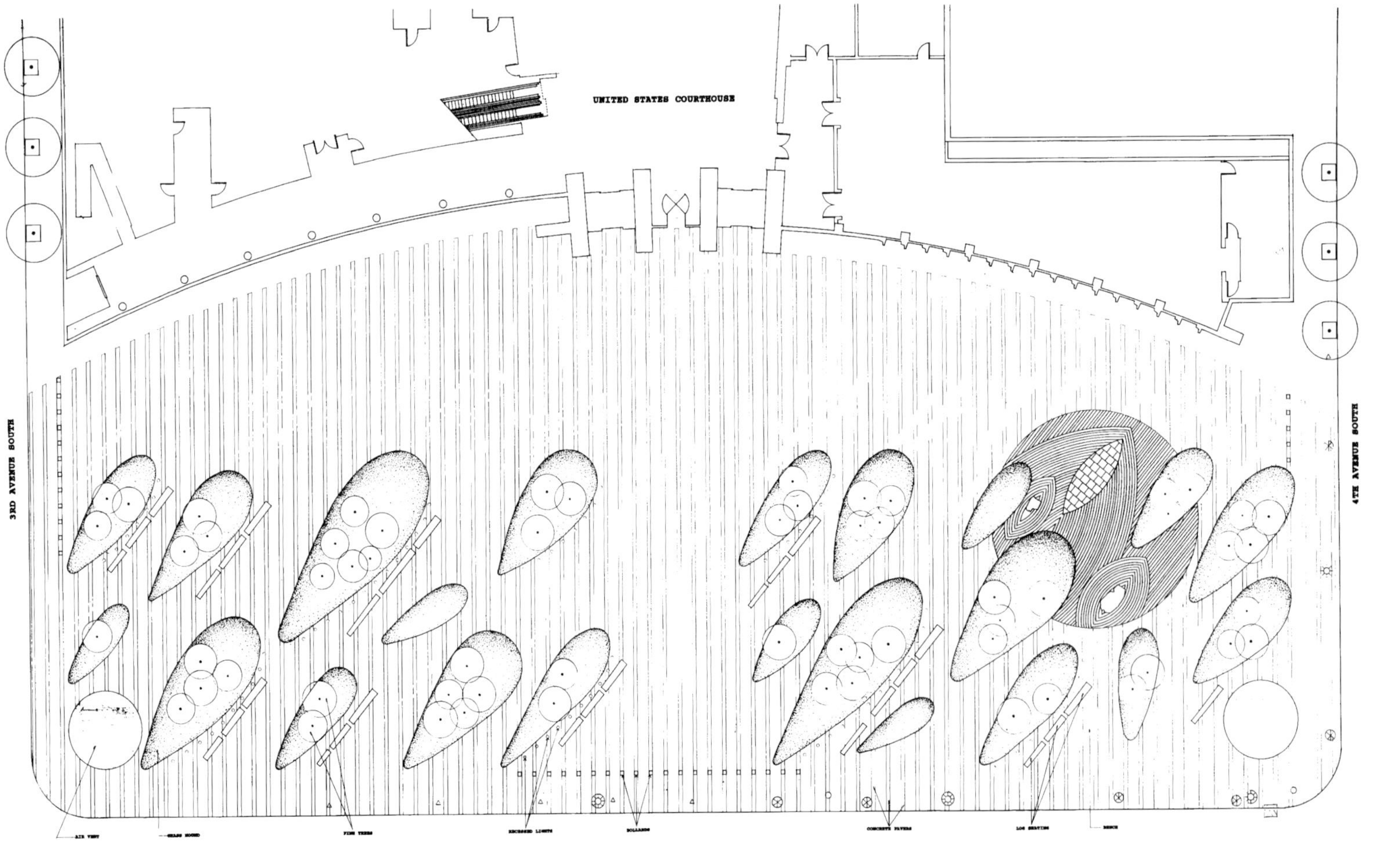

0 40 feet

广场平面图展示了土丘、短叶松和圆形喷泉

这个50 000平方英尺的广场坐落于明尼阿波利斯市中心，位于KPF新设计的联邦法院楼前，面对市政厅。项目要求设计能适于开展市政及个人活动，有自己的形象和场所感。

土丘和原木代表了明尼阿波利斯的文化和自然史，它们被用来作为广场的标志性和雕塑性元素，既象征了自然景观又代表了人们对其主观性的改造。

那些土丘试图唤起人们对地质和文化形态的回忆；它们也许暗示了冰河时代的冰积丘、有风格的山区，或者像日本庭园一样可以依照不同的尺度来解读它——一系列山脉或土丘间的低地。泪珠状的土丘高7英尺，上面栽种了短叶松——明尼苏达州北部森林中一种常见的矮小的先锋树种。那些原木，同样使人想起吸引移民并成为当地经济基础的用材林。木材和明尼苏达州的联系牵动着明尼苏达州人的心。

明尼苏达州中部的典型冰丘地貌

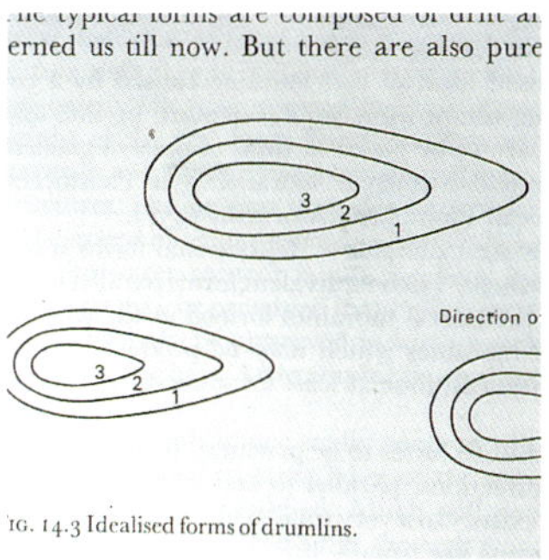

土丘地形图

广场、土丘、树木和原木模型

广场位于新联邦法院大楼和旧市政厅之间

广场北面景观

巴尔的摩内港设计竞赛
Baltimore Inner Harbor Competition

In Association with Design Collective, Inc.

地点：*Baltimore Inner Harbor–West Shore, Baltimore, MD*
客户：*Baltimore Development Corporation*
日期：*1993–1996 (Phase I completed)*
设计组：*Martha Schwartz, Inc.*
Maria Bellalta, Leo Jew, Laura Rutledge
建筑师：*Design Collective, Inc.*
模型：*Design Collective, Inc., and Martha Schwartz, Inc.*

一期：康威大街广场和迎宾中心广场
Phase I：Conway Street Plaza and Welcome Center Plaza

设计组：*Martha Schwartz, Inc.*
Evelyn Bergaila, Paula Meijerink, Michael Blier, Chris Macfarlane, Kevin Conger, Kaki Martin

参赛方案平面

“蓝蟹”公园的覆草土堆地形俯瞰

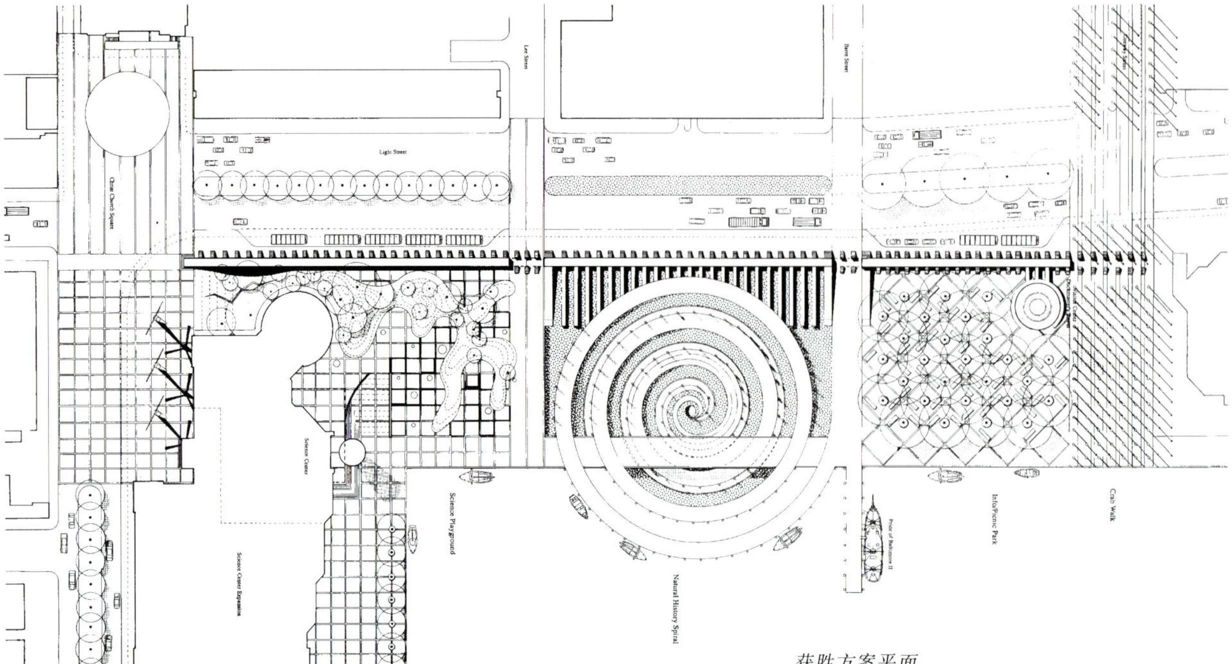

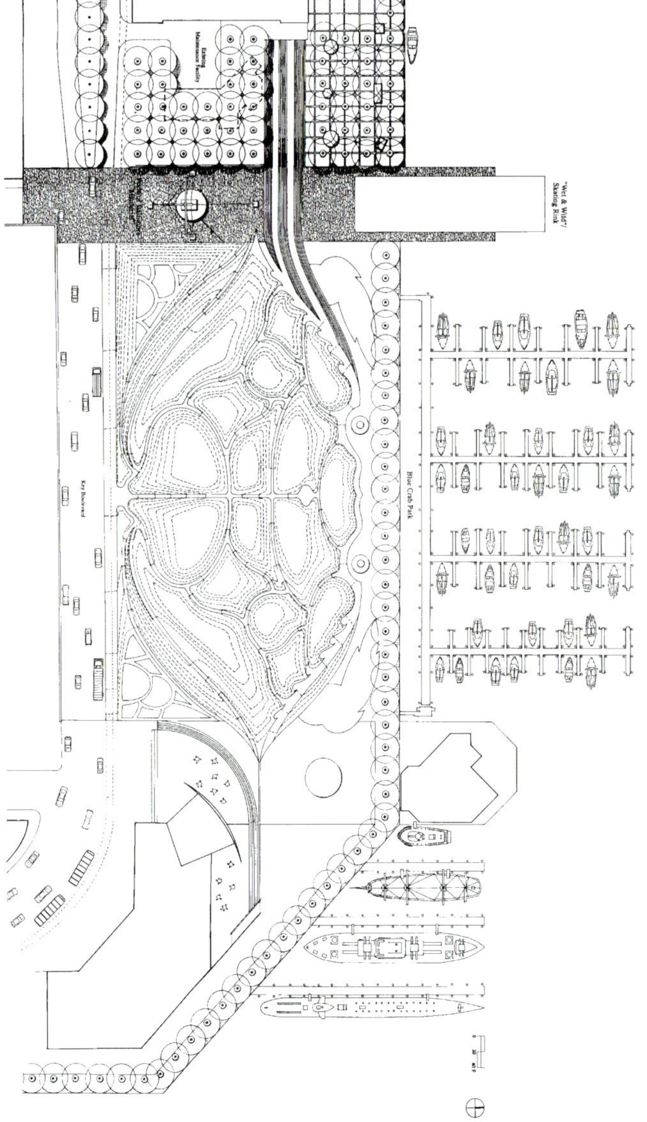

获胜方案平面

0　　200 feet

从联邦山最高点看自然历史螺旋线和溜冰场

螺旋线把水边文化和自然历史结合起来

1993 年巴尔的摩市为内港的总体规划举办了一次设计竞赛。这个大型港口的边界紧靠市区，最北部的海岸线提供了一个海港普通而成功的集会场所。该市的目标是在紧邻巴尔的摩科学博物馆的海港南部边界规划一个区域，带状布置几处相连的展现巴尔的摩和切萨皮克湾地区形象的开放空间。竞赛还要求把海港同附近居住区连接起来。

获胜方案在西海岸设计了 3 个有特色的区域。首先，规划的北端，直接与港口相连的一处，是一个 250 英尺×80 英尺的广场，与康威大街保持了视觉上的联系。第二处是设有野餐桌的柳树林。第三处，就在科学博物馆北面，是个螺旋形喷泉，把人们吸引到海港边，由交互式雾喷泉组成的木制螺旋体沉于沼泽中，周围生长着海草植物。

公园的西界是一条宽阔的人行道，它使人想起海边的货栈和散步道，同时它对从滨海散步道过渡到多层旅馆、办公楼的大尺度起到了缓冲作用。

海港地区南部是熙熙攘攘的集市与联邦山居住区之间的过渡地带。一块铺设草坪的海滨阶地，呈蓝蟹形状，象征切萨皮克，位于附近居民区的公共草坪上。

第一期建设包括康威街广场。弯曲的 50 英尺高不锈钢柱排列于广场上。它们的顶上安了光纤管棒，在夜晚闪闪发亮。另一个紧邻一家新的参观中心的广场，由随意摆放的大理石小品组成，它们给参观者提供了坐位，使人想起了巴尔的摩排屋前的门廊。

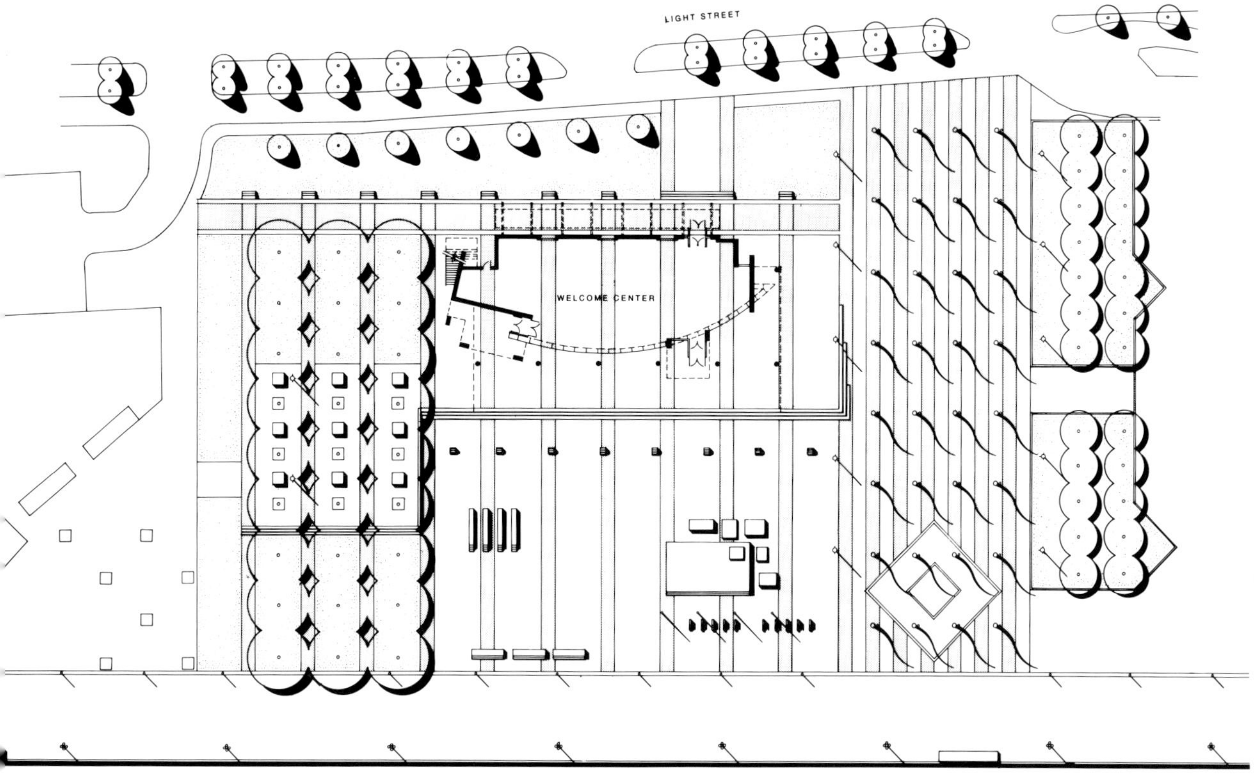

康威街广场及迎宾中心广场平面图

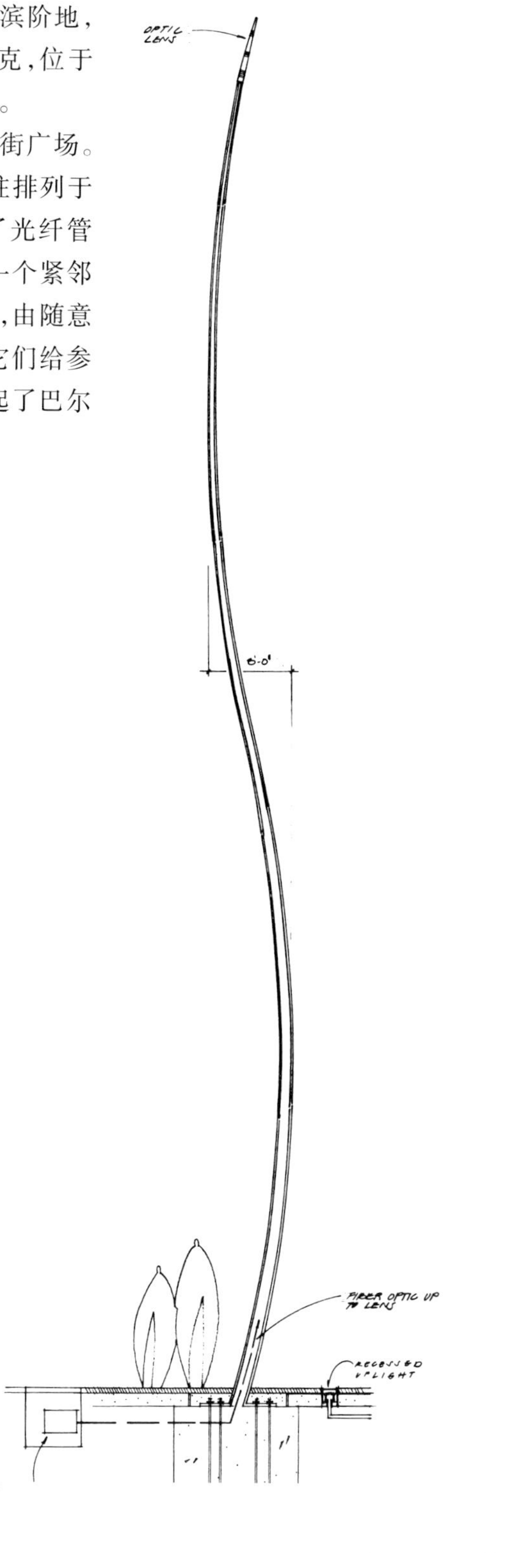

康威街广场不锈钢柱

慕尼黑风景公园
Landschaftspark München-Riem

地点: *Munich, Germany*
客户: *City of Munich*
日期: *1995*
设计组: *Martha Schwartz, Inc.*
Paula Meijerink
Kevin Conger
Kaki Martin
翻译: *Markus Jatsch*

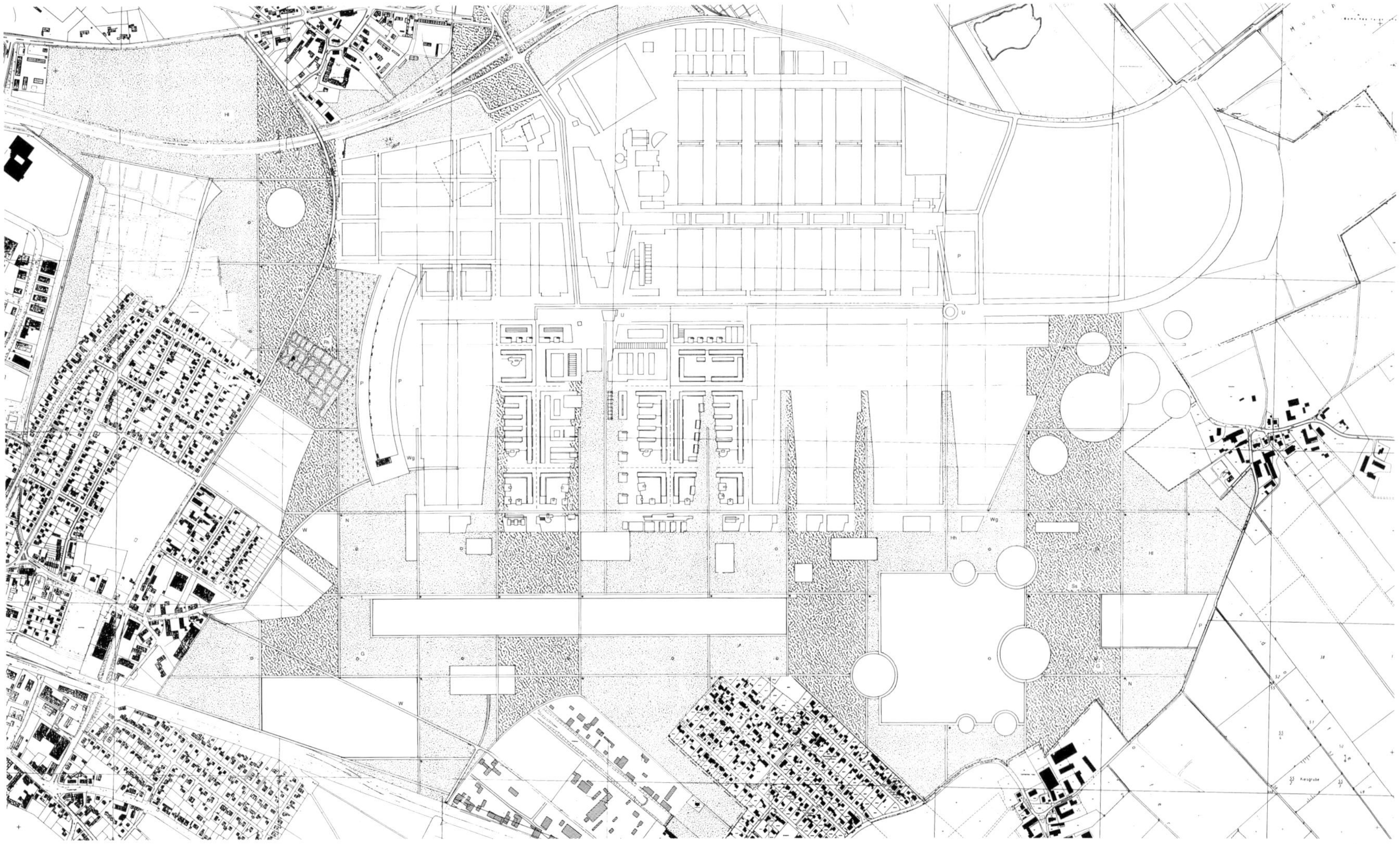

参赛方案:底层平面

参赛方案平面图

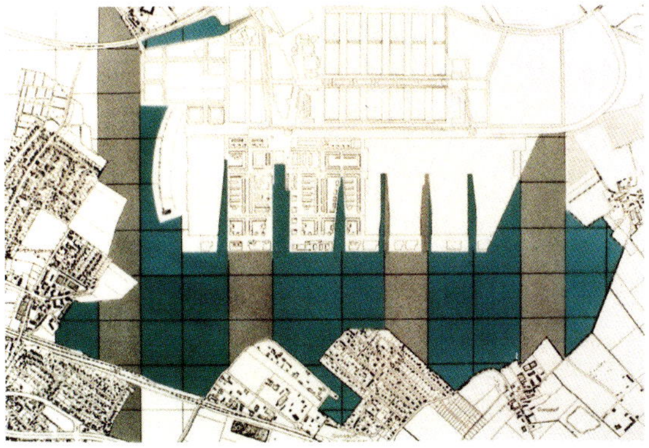

在每隔9年的早春，每隔两个地带，就燃烧一片地被

每隔9年的夏天，烧过的地区被先锋植物占领，其他地方则开满鲜花

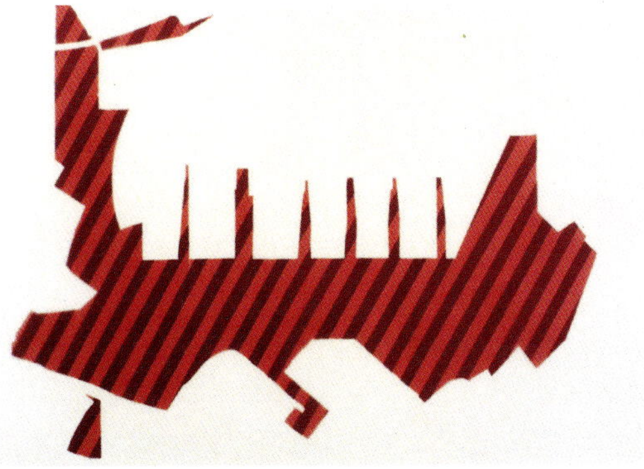

种花两年后的夏天，整个场地开满鲜花

这次国际竞赛组织者要求在慕尼黑郊区的一个518英亩公园中体现不同的自然景观。然而，公园的自然条件无法承受预计的游人量，只有无人干扰时它们才发展兴旺。

施瓦兹的方案获得了荣誉奖提名。方案建议把自然景观和开发项目严格区分开。把这块平坦场地当作荒野，以放牧和定期燃烧来人工维护。为把人类对自然的干涉减少到最低限度，所有人类活动中心都以庭园“洞穴”的形式出现。这些洞穴地带包括一个公墓、儿童保育中心、运动场、湖以及使人回想起黑森林或汉塞和格泰的故事的有岩穴、石块的密林。设计也包括了基础设施，如紧急车辆通道、公共电话亭、安全照明灯以及一些为社区园丁提供方便的庭园线路设施——水、电、泵。

迈阿密国际机场声墙
Miami International Airport Sound Wall

地点：　*Miami, FL*
客户：　*Metro-Dade Art in Public Spaces*
日期：　*1996*
艺术家：*Martha Schwartz*
设计组：*Kevin Conger*
　　　　Sara Fairchild
　　　　Chris Macfarlane
　　　　Laura Rutledge
　　　　Maria Bellalta
　　　　Leo Jew
建筑师：*HNTB in association with Delante/HJ Ross*
摄影：　*Martha Schwartz*

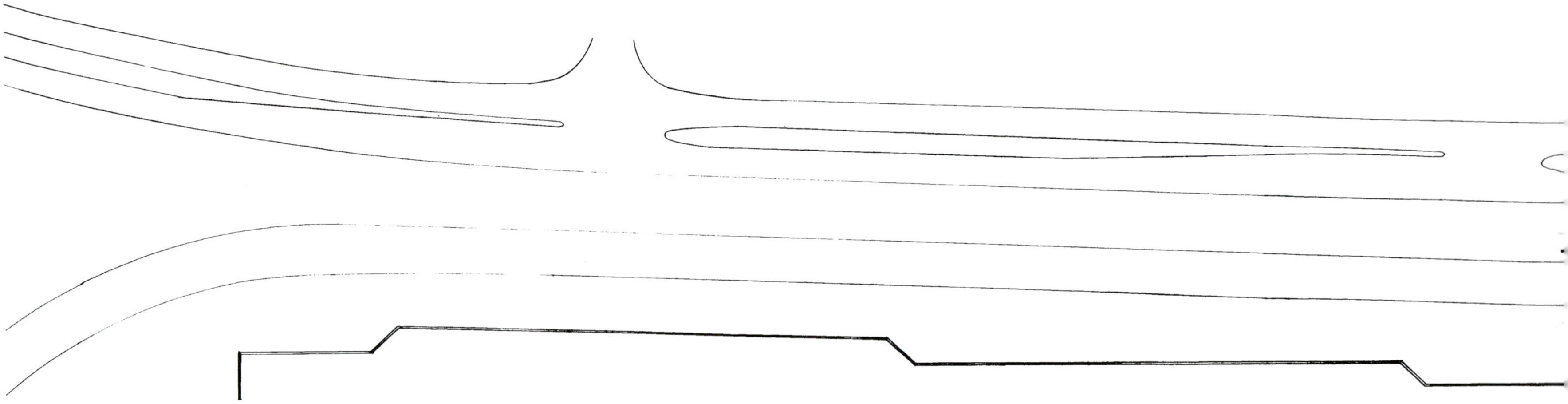

起伏的墙面形成了起伏的景观

双面玻璃塞入面板上的圆孔

沟纹状表面板材是预制的

一个 5 英寸光滑的黑环围绕着每一个洞眼，使玻璃颜色更鲜明

彩色玻璃和阳光使得这个沿36大街长一英里的迈阿密国际机场北部边界的声墙充满了生气。声墙用预制混凝土面板制成，高20至35英尺呈波浪形，把机场同旁边的两处邻里单元分隔开。尽管居民们并无要求，机场还是希望这座混凝土墙通过改造为邻居们所欣赏。

因为墙面朝北，沿36大街的一面总是被笼罩在阴影中，因此诸如用浅浮雕来涂墙或嵌花的方式被否决了。“嵌入玻璃的目的是想利用阳光活跃墙面，”施瓦兹解释道。在墙内的钢筋条之间，打上了能嵌彩色玻璃的洞，使阳光产生彩色光环。6种不同的嵌板形成了一幅随机图案。施瓦兹把墙顶搞成扇形并平整了墙基的散水，使声墙像沿着一英里长的道路在波动。在机场入口，灯眼组成了一个网格。图案的改变使洞眼看上去在跳动。

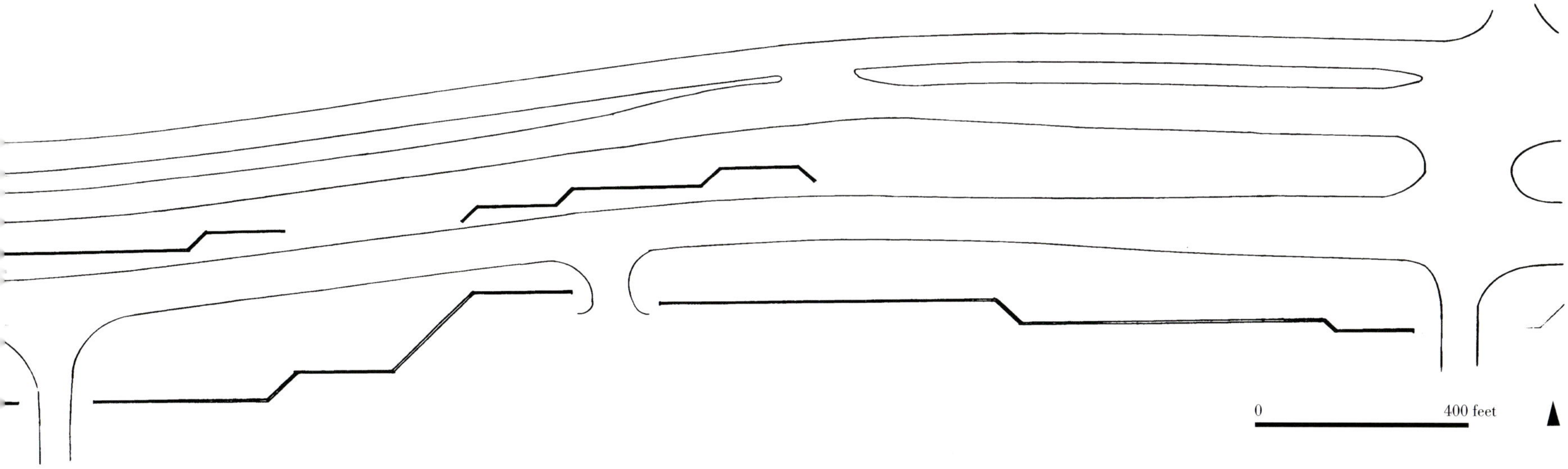

步移景异，减少了呆板的变换

阳光从后面照射，彩色玻璃塞子使朝北的墙面生气勃勃

随机布置的灯眼在机场所有入口处都按规则几何形布置

随意的洞眼图案有规律地间隔着被加强或减弱，产生跳动的感觉

注释

1 Comment made by Martha Schwartz during April 1995 Myles Thaler Memorial Lecture at the University of Virginia School of Architecture, Charlottesville, Virginia.

2 Arthur C. Danto, *The Transfiguration of the Commonplace: A Philosophy of Art* (1981), p. 208.

3 J. B. Jackson, "The Word Itself," in *Discovering the Vernacular Landscape* (1984), pp. 1-8.

4 Ibid, p. 8.

5 Denis Cosgrove and Stephen Daniels, "Introduction: Iconography and Landscape," in *The Iconography of Landscape* (1988), p. 1.

6 Danto, p. 95.

7 Danto, p. 98.

8 Martha Schwartz, Inc., project descriptions, 1995, p. 37.

9 "The belief in the Great Divide, with its aesthetic, moral, and political implications, is still dominant in the academy today. . . . But it is increasingly challenged by recent developments in the arts, literature, architecture, and criticism. This second major challenge in this century to the canonized high/low dichotomy goes by the name of postmodernism; and like the historical avantgarde though in very different ways, postmodernism rejects the theories and practices of the Great Divide. . . . The boundaries between high art and mass culture have become increasingly blurred, and we should begin to see that process as one of opportunity rather than lamenting loss of quality and failure of nerve," Andreas Huyssen, *After the Great Divide* (1986), pp. viii-ix.

10 While a graduate student at the University of Virginia, Sigrid Cook developed this line of inquiry in an excellent paper about Schwartz's work. That essay was selected for publication in *Critiques of Built Work* (1995).

11 This fountain iconography is recounted in many histories of Versailles including Hamilton Hazelhurst's *Gardens of Illusion* and Jacques Girard's *Versailles Gardens: Sculpture and Mythology.*

12 Danto, p. 208.

13 Danto, p. 208.

参考文献

Cosgrove, Denis and Stephen Daniels. *The Iconography of Landscape.* New York: Cambridge University Press, 1988.

Danto, Arthur C. *The Transfiguration of the Commonplace: A Philosophy of Art.* Cambridge, MA: Harvard University Press, 1981.

Huyssen, Andreas. *After the Great Divide: Modernism, Mass Culture, and Postmodernism.* Bloomington: Indiana University Press, 1986.

Jackson, J. B. *Discovering the Vernacular Landscape.* New Haven: Yale University Press, 1984.

Martha Schwartz, Inc., project descriptions, 1995.

Van Valkenburgh, Michael. *Transforming the American Garden: 12 New Landscape Designs.* Cambridge, MA: Harvard University Graduate School of Design, 1986.

图片来源

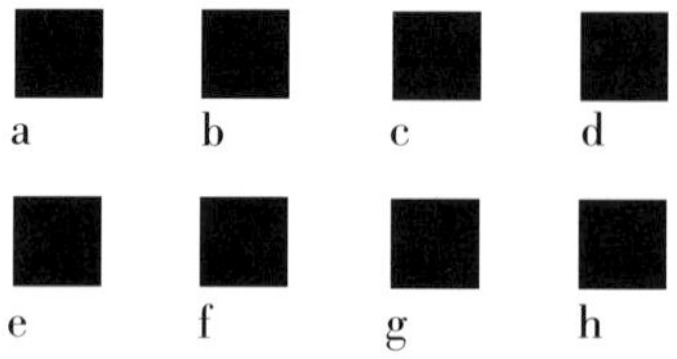

Art on File
King County Jail, p. 23-25
p. 117 f, g, h

Richard Barnes
Fukuoka B-4, p. 60, 61
p. 137 a, b

Doug Cogger
Columbia Center, p. 134 e, h

James Fanning
King County Jail, p. 22, p. 117 b

Michael Moran
Becton Dickinson, p. 44, 45, 48
p. 126 f, h, p. 127 e, f

M. Peters
Hanging Texas Bluebonnet Field
p. 125 g

Rion Rizzo /
Creative Sources Photography, Inc.
Rio Shopping Center
p. 30/31, 32, 34, p. 121 e, f, h

Marc Treib
Center for Innovative Technology
p. 28, p. 119 g, h

Jay Venezia
The Citadel, p. 70, p. 141 e, g

Alan Ward
Bagel Garden, p. 4, p. 112

Necco Garden, p.14-15
p. 114 b, d, f

Splice Garden, p. 16/17, 18-20
p, 115

后 记

《玛莎·施瓦兹 超越平凡》一书全面介绍了美国当代最有争议但又富有独创精神的园林设计师玛莎·施瓦兹。全书分为两部分:第一部分是梅尔的一篇颇有深度的评论以及她与施瓦兹的访谈录;第二部分为施瓦兹的主要设计作品集,较全面地介绍了自20世纪80年代以来的园林设计作品、设计方案以及一些临时性的艺术作品。

玛莎·施瓦兹在园林设计界是一位勇于标新立异的设计师,这一点恐怕不会有人有任何疑问。她将现代艺术的观点带入园林设计,使自己的作品醒目,充满强烈个性,同时也引起了行业内褒贬不一的评论。我们认为争议的焦点在于她的那种艺术思想与现代手法是否适合于园林与艺术的真正结合,或者她的那种艺术切入园林的点或位置是否会很好地引导园林行业的发展?她对材料、造型、色彩的运用以及形式或构图的组织手法等都受到现代艺术与设计,特别是波普艺术、大地艺术、后现代主义设计手法的影响,采用了一种与"唯美"主义审美趣味和艺术眼光相去甚远的反主流艺术观念。她的设计不太注重形式的锤炼和空间的精心组织,而更加强调设计的视觉感官刺激,喜爱用不寻常的手法处理普通材料,造型上不追求完美而往往更倾向于世俗化。尽管有的设计师或评论家将施瓦兹视为无足轻重的设计师,认为她的设计难登大雅之堂。但是在当今设计界思潮如云、百花齐放的大花园中,施瓦兹的设计就像一株小花,也许不那么清秀,也许不那么美丽,甚至不那么优雅,但却格外鲜艳醒目,拓宽了我们对园林设计及园林美的认识和理解。

感谢美国空间营造者出版社授予中文版权,感谢东南大学出版社热情支持与努力,使这些优秀的设计能够与中国读者见面。感谢东南大学出版社徐步政先生、姜来小姐在丛书选题上对我的信任和支持。特别感谢编辑姜来小姐、王玮小姐的认真与细心。还有宋华莉小姐、宋磊先生,他们帮助查证了众多的人地名。感谢陈羽同学协助部分初稿的翻译。由于时间及水平所限,译文中不贴切与欠妥之处,敬请读者批评指正。

王晓俊

2002.10